阿拉丁少年手绘动物小百科

动物有天赋

[英]莱昂内尔·本德◎著　[英]特莎·巴威克◎绘

姚超婕　等◎译

北京日报出版社

图书在版编目（ＣＩＰ）数据

阿拉丁少年手绘动物小百科：动物有天赋 / (英)
莱昂内尔·本德著；(英)特莎·巴威克绘；姚超婕等
译 . -- 北京 : 北京日报出版社 , 2023.7
　ISBN 978-7-5477-4233-4

　Ⅰ.①阿… Ⅱ.①莱…②特…③姚… Ⅲ.①动物—
少儿读物 Ⅳ.① Q95-49

中国版本图书馆 CIP 数据核字 (2022) 第 003912 号

北京版权保护中心外国图书合同登记号：01-2023-0427
First Sight
Copyright© Aladdin Books 2023
Text by Lionel Bender etc.
Illustration by Tessa Barwick etc.
An Aladdin Book
Designed and directed by Aladdin Books Ltd.
PO Box 53987
London SW15 2SF
England

阿拉丁少年手绘动物小百科：动物有天赋

出版发行：北京日报出版社
地　　址：北京市东城区东单三条 8-16 号东方广场东配楼四层
邮　　编：100005
电　　话：发行部：（010）65255876
　　　　　总编室：（010）65252135
责任编辑：胡丹丹
印　　刷：河北彩和坊印刷有限公司
经　　销：各地新华书店
版　　次：2023 年 7 月第 1 版
　　　　　2023 年 7 月第 1 次印刷
开　　本：889 毫米 ×1194 毫米　1/32
印　　张：7
字　　数：120 千字
定　　价：68.00 元

目 录

第一章

大猩猩和黑猩猩

方框展示了人与各种猩猩的体形对照。

在树上生活

　　大猩猩和黑猩猩非常适合在树上生活。它们擅长在树上攀爬、悬挂和摇摆。长长的手臂能帮助它们获取树梢上的食物，它们的手和脚都可以抓握东西。和我们一样，它们的拇指也可以向其他手指方向移动，帮助它们抓住和捡起东西。

　　雄性黑猩猩重约 40 千克，而雄性大猩猩则可重达 160 千克，是普通人类体重的 2 倍。大猩猩太大了，绝大部分时间它们都不得不待在地上。黑猩猩和大猩猩大多是四肢着地行走，双手握拳，双脚蜷缩着。

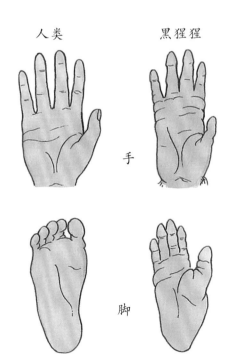

人类　　　黑猩猩

手

脚

　　黑猩猩比大猩猩更喜欢待在树上。它们有时会在树枝间荡来荡去，短距离移动。

◁ 卢旺达年轻的山地大猩猩

为了生存而食

虽然大猩猩体形很大，但它们主要吃植物的叶子和茎秆，野芹菜是它们最喜欢的食物之一，它们会花大部分时间来进食。从大猩猩的头骨可以看出，它们的牙齿很大，而且下颌非常强壮，能很好地咀嚼食物。

黑猩猩的饮食更加多样化。它们主要吃水果和一些树叶，但它们并不像大猩猩那样完全吃素，蚂蚁、白蚁和其他昆虫也是它们的食物。有些黑猩猩甚至吃猴子、小猪和羚羊。黑猩猩的牙齿比大猩猩的小，尖尖的犬齿可以很好地咬开水果、切碎茎秆，有时还会用来打架。

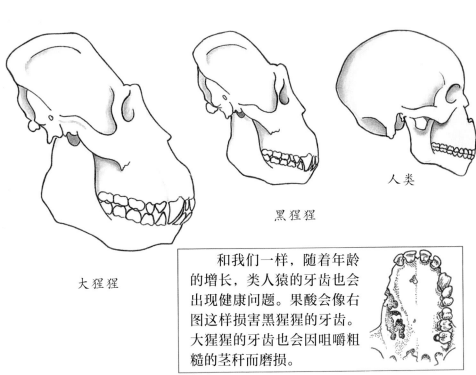

人类

黑猩猩

大猩猩

和我们一样，随着年龄的增长，类人猿的牙齿也会出现健康问题。果酸会像右图这样损害黑猩猩的牙齿。大猩猩的牙齿也会因咀嚼粗糙的茎秆而磨损。

◁ 正在进食的雄性低地大猩猩

收集食物

大猩猩总是成群结队地去寻找食物。它们会先吃一点儿，然后再继续前进。一般情况下它们总能有大量的叶子吃。有一些大猩猩还能找到水果来吃。

黑猩猩则是单独或一小群地寻找食物。大多数时候，它们从树上摘水果和坚果吃（在西非，它们会破坏种植园，制造麻烦）。它们也吃树上的花和树皮。有时，它们会用树枝作为"钓竿"，引出蚁巢里的蚂蚁或蚁丘里的白蚁。它们把棍子插进蚁巢或蚁丘里，然后把爬满昆虫的棍子拔出来。几只黑猩猩还会一起捕食猴子或其他动物。

黑猩猩不会游泳，而且大多数都很害怕水，它们会尽可能地避开有水的地方。但少数勇敢的黑猩猩会到浅水里寻找食物。

用树枝"钓"白蚁

正在搬运水果的黑猩猩 ▷

大猩猩群体

　　大猩猩生活在组织良好的群体中，其中包括一只成年雄性大猩猩、几只成年雌性大猩猩以及它们的幼崽。一个群体中，通常总共有5—20只大猩猩。成年雄性大猩猩的皮毛会变成银白色，因此被称为"银背"，它既是群体的领导者，也是群体生活的中心。在午休的时候，雌性大猩猩会聚集在雄性大猩猩的周围，为它梳理毛发。为了吓跑其他的雄性大猩猩，吸引雌性大猩猩加入自己的群体，雄性大猩猩会上演一场精彩的表演，它吼叫着用拳头捶打自己的胸膛，然后一边撕扯植物，一边从这边横冲直撞到另一边。这种行为让人们认为大猩猩很凶猛，但实际上它们是一群非常温和的动物。

　　一个小男孩曾掉进英国一家动物园的护栏里，雄性银背大猩猩詹博证明了大猩猩有多么的温顺。它一直坐在受伤的小男孩身边，直到他醒来才离开，让饲养员前来救援。

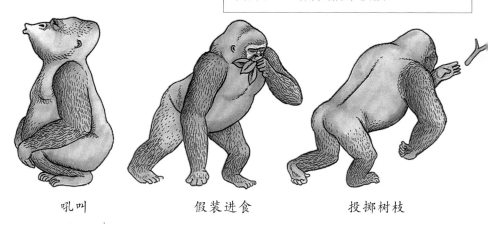

吼叫　　　　　假装进食　　　　　投掷树枝

让群体成员知道谁是领导者——展现领导能力

8

△ 正在捶打自己胸膛的山地大猩猩

捶打胸部   向一侧奔跑   捶击地面

黑猩猩社会

　　黑猩猩是群居动物，群体最多会有100个成员，它们会在10—50平方千米的范围内活动。雄性黑猩猩通常结伴而行，在领地边界巡逻。有时，邻近的黑猩猩群体之间会发生激烈的争斗。而雌性黑猩猩也常常会和它们的幼崽分开寻找食物。

　　雄性和雌性黑猩猩都是有组织的，因此每只黑猩猩都知道自己在群体中的位置。每个黑猩猩群体里都有几只地位重要的雄性黑猩猩，而不是只有一个领导者。黑猩猩会花很多时间互相梳理毛发，这不仅有助于它们保持清洁，也增强了它们之间的友谊。

叫吼——吃饭的召唤

朋友牵手

　　一群黑猩猩中重要的雄性黑猩猩通常是最吵闹和最暴力的。

梳理毛发

◁ 互相梳理毛发的雌性黑猩猩

筑　巢

晚上，黑猩猩会在高高的树上筑巢睡觉。首先，它们把一些弯折的树枝做成一个平台。然后，它们用树叶和苔藓做一个"床垫"。小黑猩猩和它们的妈妈睡在一起。黑猩猩每天晚上都要筑一个新巢，但每次都只会花费不到 5 分钟的时间。

大猩猩太重了，无法在树上睡觉。它们会用树枝和树叶在地上做窝。年幼的黑猩猩和大猩猩会通过观察年长的黑猩猩和大猩猩来学习如何筑巢，它们从很小的时候就开始筑巢了。

在笼子里长大的大猩猩和黑猩猩不会筑巢。如果它们被带回森林，就不知道该怎么办了。

黑猩猩在树上做了个"床"

成长过程

大猩猩或黑猩猩的宝宝出生时是不能自立的，它们会一直依偎在妈妈的怀里。到约 6 个月大时，幼崽就可以骑在妈妈的背上了。当它们 2 岁左右的时候，就要停止吃母乳，学着像成年黑猩猩或大猩猩一样吃东西。约 4 岁时，它们可以独自外出了，但它们还是会一直在妈妈的身边待到 6 岁左右。到那时候，妈妈可能会有另一个孩子了。幼崽诞生一般会间隔 5—6 年。

和人类一样，大猩猩或黑猩猩的幼崽也需要很长时间才能长大。它们有很多东西需要学习，大部分都是从妈妈那里学来的。妈妈会花时间陪幼崽玩耍，也会教它们照顾自己。群体中的其他黑猩猩，甚至成年雄性黑猩猩，也常常对幼崽有很大的帮助。

黑猩猩妈妈正在和它的宝宝玩耍

野生的黑猩猩能活40 多岁。在动物园里，它们能活到50 岁以上。

◁ 倭黑猩猩宝宝紧紧偎依在它妈妈的怀里

15

表达感受

黑猩猩的面部表情非常丰富，其他黑猩猩可以从其表情中看出它们的感受——无论是兴奋、恐惧、愤怒，还是喜悦和悲伤。

黑猩猩用各种各样的咕哝声和叫声来互相呼唤，这几乎成了它们的一种语言。嗅觉和触觉在类人猿类之间的相处中也很重要。

研究黑猩猩的科学家们已经开始了解类人猿类之间的交流方式，它们的表情传达的意思和我们的不一样。例如，当黑猩猩露出牙齿"微笑"时，是在表达恐惧，而不是快乐。

悲伤的

恐惧的

> 黑猩猩不仅会互相梳理毛发，见面时也会牵手和拥抱。

嬉戏的

激动的

伸出舌头的黑猩猩 ▷

特殊才能

　　大猩猩和黑猩猩的大脑很大，它们找到了解决问题的创造性方法。黑猩猩用石头和树枝作为"工具"来帮助它们获取食物。它们还会用树叶来做各种各样的事情，比如用来获取水分和擦拭食物，甚至用来擦拭伤口。如果有狒狒等其他动物试图来偷取食物，黑猩猩也会用树枝和石头作为武器来吓跑它们。

　　人们对饲养在家中和动物园里的黑猩猩和大猩猩分别进行过研究，有些已经学会了如何绘画，其他则学会了用手语来交流。它们已经学会了如何表达自己的想法和感受，也学会了模仿手势。

黑猩猩正用石头作为武器来攻击敌人

　　科科是一只被饲养在美国的大猩猩，它懂得了足够多的手语，可以告诉饲养员它想要一只小猫作为宠物。

◁ 黑猩猩正在取水

处于危险中的大猩猩

因为大猩猩体形庞大，而且很聪明，其他动物对大猩猩基本没有什么威胁。黑猩猩有时会被大型猫科动物或鬣狗猎杀，但是大猩猩主要受到因人类活动致使其生活的森林被破坏的威胁。它们繁殖的速度很慢，任何对平静生活的干扰都意味着它们存活下来的幼崽会减少，大猩猩的数量也越来越少。

生活在东非山地的大猩猩正以惊人的速度失去它们的森林家园，它们的数量大概只剩下几百只了。它们已经撤退到山上，但那里没有足够的食物供它们生存。

山地大猩猩有厚厚的皮毛可以御寒 ▷

在森林之外

一些黑猩猩生活在更加开阔的栖息地。这些群体生活在长有树木的草原——稀树草原上。它们不得不迁徙到更广阔的地方去寻找足够多的食物。

这些黑猩猩一起猎杀动物来获取食物，它们比森林里的黑猩猩更擅长挥舞木棍和投掷石头。在稀树草原上，它们作为一个群体可以更好地抵御狮子、猎豹和鬣狗的攻击。稀树草原上的黑猩猩必须直立着行走才能越过高高的草丛，看得更远。

这些黑猩猩的发展为科学家们提供了更多的线索，让他们了解到另一群灵长目动物——人类——在第一次离开森林时发生了什么。

黑猩猩的适应能力比大猩猩强，它们的现存数量并没有下降得那么快。

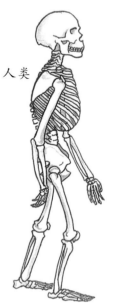

人类

人类是唯一能一直直立行走的灵长目动物

黑猩猩

猴子

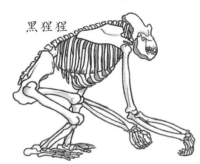

◁ 大草原上的黑猩猩

23

生存档案

　　大猩猩和黑猩猩面临着许多危险。它们居住的非洲森林正在迅速消失。当地人为了获取食物而杀死它们，因为它们被认为是对人类有害的动物。虽然它们受到法律的保护，但偷猎者仍然肆意捕杀，并将它们的头骨、手和脚卖给游客。它们被关在动物园和医学研究所里。一些黑猩猩幼崽还被走私到加那利群岛和西班牙其他地区，为海滩摄影师提供服务。如果它们的妈妈被杀害，许多幼崽就会在途中死亡。

被关在铁笼里的黑猩猩

保护大猩猩和黑猩猩

科学家研究非洲的大猩猩和黑猩猩，以了解它们的生活方式。他们想知道其如何交朋友和相互交流。科学家需要知道它们的生活方式，活动空间，以什么为食，什么时候进食。

现在，一些黑猩猩已经受到了国家公园的保护。研究黑猩猩的科学家帮助建立了这些保护区。在西非，他们试图把被饲养的黑猩猩从动物园和宠物主人那里带回森林，尽管这并不是一件容易的事情。

研究黑猩猩

学习梳理毛发

卢旺达、刚果（金）和乌干达政府保护了维龙加火山群，这里几乎是山地大猩猩最后的家园。人们已经建立了反偷猎巡逻队。政府正试图让当地人和游客更多地了解大猩猩的重要性。现在，其他非洲国家也在效仿这些做法，所以山地大猩猩的生存还是有希望的。

鉴别图

这张图表显示了黑猩猩和大猩猩的区别。它们以相同的比例绘制，来显示它们的大小。

黑猩猩

制作黑猩猩面具

1. 用铅笔和尺子在卡片上划分出若干个边长2.5厘米的方格。
2. 用方格帮助你从右页上临摹一张黑猩猩的脸。
3. 擦掉黑猩猩脸上的铅笔方格。
4. 在黑猩猩脸上涂上颜色。
5. 剪下面具，打孔并系上绳子或松紧带。
6. 现在可以戴上你的黑猩猩面具了。

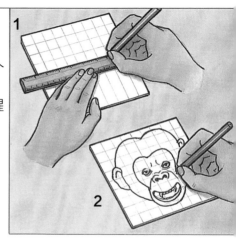

生气

激动

嬉戏

警觉

大猩猩

3

4

5

6

第二章

狮子和老虎

方框的每条边长代表 3 米，展示了狮子和老虎的大小。

大型猫科动物

　　狮子和老虎都是"大猫"，与包括花豹、雪豹和美洲豹在内的这些族群都是大型猫科动物。家猫从鼻子到尾巴尖的长度约为 70 厘米，体重约 4 千克。狮子身长可达 3 米，重约 240 千克。老虎身长约 3.6 米，重约 350 千克。狮子和老虎的雄性体形要比雌性大四分之一左右。

　　和所有的猫科动物一样，狮子和老虎都有强健的肌肉来奔跑和跳跃，有锋利的爪子和牙齿来抓住和撕咬它们的猎物。但是大型猫科动物的头特别大。它们会吼叫而不是喵叫，只有在呼气时才会发出呼噜声。

老虎

狮子

家猫

　　剑齿虎生活在约 250 万到 1 万年前。它们会用巨大的上前排牙齿（又叫尖牙）咬断猎物的脖子。它们有 20 厘米长的尖牙，可以用来杀死大象。

剑齿虎

◁ 老虎身上的条纹可以帮助其融入森林家园

狮子——百兽之王

狮子常被称为百兽之王。成年雄狮的体形比大多数食肉动物都要大，也比人类大。它们的脖子周围有长长的、威风凛凛的鬃毛，雄狮常常显露出自然平静的状态，这更加增添了它们威严的气质。

狮子是唯一群居的猫科动物。雄狮有时会独自活动，有时会与其他雄狮一起成群活动。狮子喜欢有同伴相陪，所以它们会成群地生活在一起。狮群通常由几只成年雄狮、十只或更多的成年雌狮和幼狮组成。雄狮负责保护狮群的食物和领地，它们还会阻止其他狮群的雄狮与自己群体的雌狮交配。

老虎——丛林之王

老虎是狮子的近亲。仅仅在几千年前，这2种动物还一起生活在印度和亚洲中南部其他地区。如今，老虎在印度北部最为常见。

老虎的体形大小和颜色因地而异。现存最大的老虎——西伯利亚虎，身长可达3.9米，它们有着一层淡黄色的皮毛，在夏天会略带红色，厚厚的皮毛可以使它们在寒冷的冬天保持温暖。而现存最小的老虎——苏门答腊虎，身长只有2.5米左右，它们的皮毛颜色红黄相间，上面有细而紧密的条纹。老虎的花纹能使其与丛林中的树叶和干草融为一体，难以被发现。

牙齿和爪子

　　狮子和老虎都是捕猎专家。它们用牙齿和爪子作为捕猎的武器。它们的颌短而有力，使其拥有强大的咬合力。猫科动物一般有 30 颗牙齿，最大的是上面的犬齿，也就是尖牙，可以用来抓捕和刺穿猎物。它们的门牙虽小但锋利，能咬破猎物的皮肤。侧齿或颊齿就像剪刀一样用来撕咬大块的肉，以便能吞下去。

　　和家猫一样，狮子和老虎的爪子上都有柔软的爪垫，可以悄悄地靠近猎物。它们的爪子可以抓住和撕扯猎物的肉，它们都会用挠树的办法来打磨爪子。

图示为雌狮头部强壮的头骨和牙齿

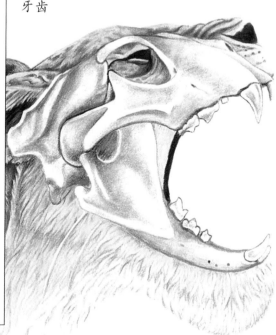

　　狮子和老虎可以把爪子缩回脚趾间的皮肤里。只有当它们扑向猎物时，爪子才会伸出来。

爪子缩回去

爪子伸出来

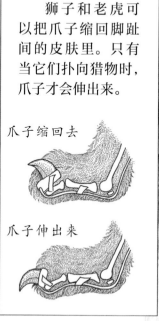

捕捉猎物

狮子生活在开阔的草原上，那里几乎没有可以躲藏的地方，它们常在晚上成群地捕猎。而生活在灌木丛中的狮子则经常在白天单独或成对地出动捕猎。捕猎的主力通常是成年雌狮，它们的体重比雄狮轻，身体更灵活，行动更快。而且雌狮因为没有鬃毛，也不容易被发现，在近距离格斗中也更便于全力以赴地攻击。通常几只雌狮会一起捕猎，它们散开来围住猎物，当距离猎物约 30 米时，就开始围攻猎物。

老虎会独自在夜间捕猎。有时，老虎会在水坑附近等待猎物。当猎物出现后，它们会猛冲过去扑倒猎物，然后用其有力的下颌咬住猎物的脖子。

大型猫科动物通过咬和挤压猎物的喉咙来杀死猎物。这样猎物在被捕杀的过程中无法呼吸，也无法挣扎，很快就会死去。

正在攻击角马的雌狮

觅食习性

　　一只成年狮子或成年老虎每天需要进食约 15 千克肉。狮子只在要进食的时候才会去捕猎，而且一般情况下一次只捕杀一只猎物，它们每周会捕猎 1—2 只大型动物。老虎每次的食肉量为 17—22 千克，体形大的每顿可以吃 30 千克。

　　狮群成员会一起捕杀同一个猎物。猎物会被当场吃掉，或者被拖到一个安全的地方存起来。进食猎物时，成年雄狮先吃，然后才是雌狮和幼狮。老虎在进食前，会将猎物拉入掩体，当吃饱了，就会用草或土把猎物藏起来。老虎会在接下来的几天内回来继续享用这个猎物。

雌狮杀死了猎物并将其拖到狮群中

雄狮先吃……

　　狮子主要猎食角马、羚羊和斑马等。老虎主要猎食鹿、野猪和水牛等。如果它们住在农场附近，也会猎食绵羊和山羊。

……然后雌狮和幼狮再吃

家庭生活

在一个狮群中，成年雌狮通常是姐妹、表亲或母女。每个狮群中可能都有几头年幼的狮子。成年雄狮则通常是兄弟，但不是其他狮群成员的近亲。雄狮在3岁左右就会被赶出狮群，它们通常要独自生活一两年，然后与其他成年雄狮竞争，接管一个狮群，成为狮群的新领袖或捍卫者。

一个典型的老虎家庭由虎妈妈和它的一两个孩子组成。小老虎在大约两岁半的时候就会离开家。成年雄性老虎大多独居，它们只在交配的时候才和雌虎在一起。

年轻的成年雄狮刚接管一个狮群时，可能会杀死狮群中先前狮王的幼狮，然后与雌狮交配。只有它们自己的孩子可以在狮群中长大成年。

2. 雌狮的妈妈

1. 雌狮

5. 雌狮之子

4. 雌狮之女

虎妈妈和它的孩子们

7. 狮王同父异母的兄弟
（与雌狮无血缘关系）

3. 雌狮之女

6. 外来雄狮

8. 雌狮之子

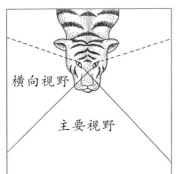

横向视野

主要视野

狮子和老虎的眼睛朝向前方，这使它们在捕猎时能准确地判断距离。当它们准备扑向猎物时，这一点就显得尤为重要。

雄虎闻到了准备交配的雌虎的气味

感官和气味

在白天，狮子和老虎能看得和我们一样清楚。但在晚上狩猎时，它们的视力水平约是我们的 6 倍。它们的耳瓣很大，可以四周转动，收集来自不同方向的声音。它们嘴边的胡须又长又硬，触觉十分敏感。这些灵敏的感官能在夜间帮助它们无声无息地穿过草地。

这些大型猫科动物利用它们的嗅觉和味觉来嗅闻和分辨彼此的气味。在交配季节雄性会依据雌性的气味来找到它们，所有的成年雄性都会用身体的气味和尿液来标记它们的领地。

42

狮子正向灌木丛中喷射尿液以标记它的领地 ▷

领　地

　　老虎有时在一个晚上要走 10 千米来寻找食物和水。一年内，其活动面积可能会达到 150 平方千米，这就是我们常说的动物领地。偶尔，老虎也会遇到进入自己领地的其他老虎，每只老虎都会在自己的领地边缘做标记，它会用自己气味浓烈的尿液和粪便标记，或是将下巴下腺体的气味蹭在树枝上。

　　狮子也有属于自己的领地。在容易找到食物的地方，它们的领地面积可能只有 20 平方千米。当狮群相遇时，成年狮子可能会互相大声吼叫。每一个狮群中的成年雄狮也会为保卫自己的领地以及群体中的雌狮和幼狮而战。

雄狮为保卫领地而战

　　　　　　　　　　　　　　　　孟加拉虎正用爪子互相攻击 ▷

求　偶

　　雄狮和雌狮在 3—4 岁的时候就能交配了。狮子和老虎的孕期都是 16 周左右。狮子可以在一年中的任何时候交配，但雌虎只在有大量猎物可捕食供给幼崽的时候才会交配。

　　在每个繁殖季，雌性只愿意交配两三天。在这个时候，雄性经常为了得到与雌性交配的机会而互相争斗。获胜者将可以接近雌性。起初，雄性和雌性会互相咆哮，随后它们会在交配前互相摩擦头部、舔舐对方。雄性通常会与许多雌性交配。

雄狮在求偶时会轻轻抓着雌狮的脖子

雄虎和雌虎交配前会互相摩擦头部 ▷

成长过程

  怀孕的雌狮或雌虎通常会产下两三只幼崽。幼崽刚出生时，身长只有约 60 厘米，重 1—2 千克。雌狮和雌虎每次外出捕猎时，都会把幼崽留在一个隐蔽的地方，但是幼崽还是经常被鬣狗和其他捕食者发现并捕杀。

  雌狮和雌虎的幼崽直到约 3 个月大时都是以母乳为食，之后才开始吃肉。在 2 岁之前，它们还没有强壮到能保护自己。当它们的母亲产下下一窝幼崽后，就不会再照顾上一窝的幼崽了，年幼的动物们得从此开始它们的独立生活。狮子和老虎能活 15—20 年。

苏门答腊虎幼崽

狮子幼崽以它们母亲的乳汁为食 ▷

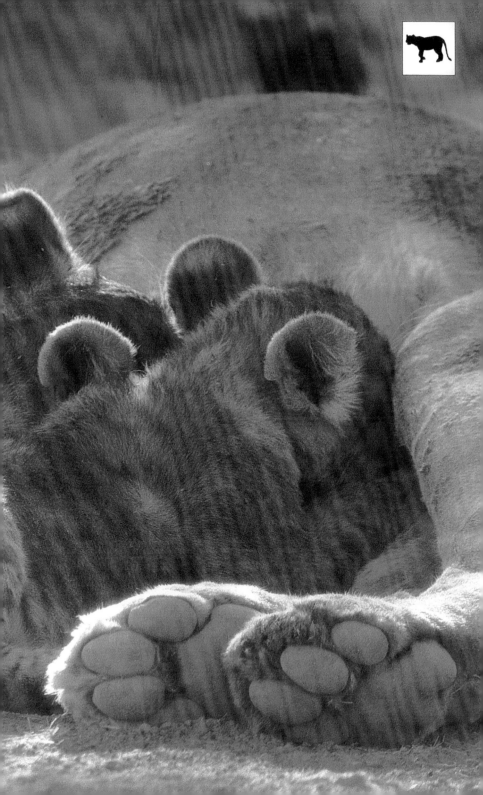

生存档案

　　狮子和老虎深受人类活动的影响。在过去的 100 年里，成千上万只狮子和老虎被人类捕杀，或是为了消遣，或是为了获得皮毛来制作大衣和地毯。有时，当狮子或老虎急需食物时，它们会捕杀家畜甚至人。这可能是人类杀死动物的一个"正当"理由。但这些漂亮的动物中有不少被困住或被捕杀，只是因为它们可能是危险的。虽然有严格的法律禁止猎杀狮子和老虎，但偷猎和非法贸易仍在继续。

在一些国家，虎皮依然在商店里出售

如今，这些大型猫科动物面临的最大威胁是村庄和农场逐渐占据了它们的自然家园。在非洲和印度的部分地区，已经为狮子和老虎设置了保护区。在那里，它们可以自由地漫步和狩猎。在一些保护区，狮子和老虎的数量增加了。但是在整个非洲，狮子是否还能长期生存是值得怀疑的。孟加拉虎是最常见的老虎，现在其野生数量大约为几千只。

这个通电的木头人吓跑了老虎

狮子和老虎的另一个生存威胁是它们可获得的食物量在减少。斑马、瞪羚、水牛、角马和鹿是大型猫科动物的主要猎物。而这些动物被人类大量捕杀，要么是为了获取食物，要么是为了保护农作物。

现在，在世界各地的动物园和野生动物园里，狮子和老虎可以成功地繁殖后代。科学家们不再需要从野外采集动物样本来研究它们，我们也不必为了看到它们而破坏它们的家园。

野生动物园里成功繁育的老虎

鉴别图

下图将帮助你认识不同种类的老虎，帮你在动物园或自然保护区里看到成年狮子时，能比较它们的体形和外观。图中正方形方格的边长代表1.3米。

- 非洲
- 东北亚
- 印度
- 中亚
- 西北亚
- 苏门答腊
- 爪哇

● 雄狮

● 西伯利亚虎

● 雌狮

消失的老虎

1. 在一块纸板上画出如图所示的图案，并剪掉空白处。
2. 在相同大小的纸板上画一些树干。
3. 描摹一只老虎并剪下来贴在一张白纸条上。
4. 如图所示，将A和B的边缘粘在一起，然后再将C插入相应位置。
5. 左右拉动白色纸条。

孟加拉虎

白化孟加拉虎

里海虎

苏门答腊虎

爪哇虎

3

A

4

胶水

C

B

胶水

5

53

第三章

有袋类动物

方框每条边长代表 2 米，
展示了有袋类动物的大小。

有袋类动物

　　红袋鼠是世界上最大的有袋类哺乳动物，它们的体长可达 2 米，重约 90 千克。但刚出生时，它们只有 2 厘米左右，重约 1 克。袋鼠宝宝在妈妈的子宫内发育仅 5 周就会出生。接下来的 6 个月里，会在妈妈的育儿袋里成长并以乳汁为食。

　　大多数哺乳动物宝宝在妈妈体内生长发育，直到发育完全。它们所有的食物都由子宫内一个叫胎盘的特殊结构提供。但雌性有袋类动物没有胎盘，它们的宝宝在很小的时候就必须从子宫里出来进到育儿袋里，不断地吮吸乳汁，直到它们能够照顾自己。

　　有袋类哺乳动物的生活方式与胎盘类哺乳动物相似。例如，袋鼠的饮食和行为都和非洲羚羊很像。一些有袋类哺乳动物和狼、猫、家鼠等胎盘类哺乳动物看起来很相像。

有袋类老鼠

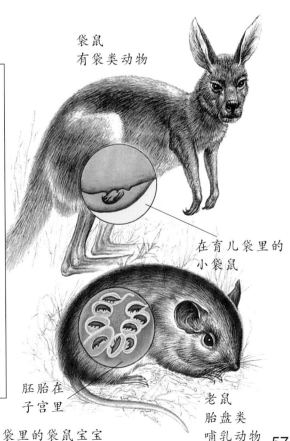

袋鼠
有袋类动物

在育儿袋里的
小袋鼠

胚胎在
子宫里

老鼠
胎盘类
哺乳动物

◁ 灰袋鼠妈妈和待在它育儿袋里的袋鼠宝宝

跳跃着行走

袋鼠和大多数沙袋鼠的后肢是用来跳跃的，而不是用来行走或奔跑的。它们直立着，把长尾巴当作另一条腿，用又长又有力的后肢作为弹跳板。袋鼠属于大袋鼠属，这意味着它们不仅体形大，四肢也长。跳跃时，它们用尾巴来保持平衡，尾巴像舵一样帮助它们在空中变换方向。

袋鼠吃草的样子和绵羊很像，它们缓慢地移动，寻找可以吃的草和喝的水。但当受到惊吓或被追赶时，它们就会跳起来，跳得又快又远。

沙袋鼠的骨架

成年袋鼠每次跳跃的距离可达8米，它们还可以越过3米高的栅栏，跳跃速度可达65千米/小时。雌性袋鼠比雄性袋鼠更敏捷，速度更快。

正跳跃前进的沙袋鼠 ▷

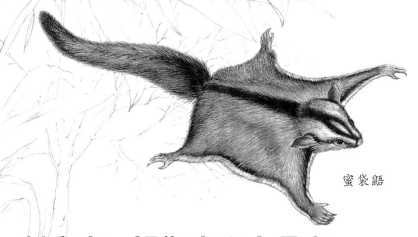

蜜袋鼯

攀爬者、滑翔者和穴居者

树袋鼠和树袋熊都生活在树上。它们的四肢是用来攀爬的，而不是用来跳跃的。它们的前肢和后肢几乎一样长。这些有袋类动物可以用它们的后肢贴紧树干，并把自己向上推。它们还会用强壮的爪子抓住树枝，让自己在树<u>丛</u>中移动。

蜜袋鼯，也被叫作飞袋鼠，是生活在林地和森林里的有袋类哺乳动物。它们的前肢和后肢之间长有一块可以拉伸的翼膜。当这些动物伸展四肢时，可以在树顶之间滑翔100米。但是蜜袋鼯着陆并不平稳，它们会以相当快的速度撞到树上，用长长的爪子牢牢地抓住树。

有袋类动物
袋鼹

> 有些有袋类动物是穴居动物。袋鼹在地下挖洞，以昆虫的幼虫为食。它们有粗短的四肢和爪子，可以用来刮去和推开泥土。

◁ 树袋熊趴在桉树上

食草者

　　树袋熊的体长可达80厘米，10千克重，它们非常挑食，只吃桉树叶。树袋熊从黄昏开始进食，一晚上能够吃掉1千克的树叶。它们有时会把食物储存在自己的颊囊里，在吃饭的时候打瞌睡。

　　毛鼻袋熊的牙齿和松鼠的一样，很会咬东西。它们白天住在洞穴里，晚上出来吃草、树皮和真菌。一些袋貂和蜜袋鼯会用牙齿把树皮啃开一个槽，然后舔掉里面甜甜的树胶；另一些则以森林里花朵的花粉和花蜜为食。有袋类动物，如新几内亚的斑袋貂，则以昆虫、鸟类及鸟蛋和植物为食。

黄腹袋鼯在吃树胶

蜜貂在吃花蜜

树袋熊在吃桉树叶

　　蜜貂是一种生活在澳大利亚西南部的有袋类动物，它们的体形只有老鼠那么大。蜜貂会将刷子似的舌头探入花朵深处，来觅食花蜜和花粉。

食肉者

许多不同种类的有袋类哺乳动物以其他动物为食。这种食肉动物包括 80 种美洲负鼠、澳大利亚的袋狸、袋食蚁兽以及袋獾。

有袋类食肉动物和猫一样都是猎手，有着尖尖的犬齿和锋利的爪子。但东澳袋鼩是个例外，它们的体形和外表都像老鼠，以昆虫为食。斑尾袋鼬看起来像黄鼠狼，它们以小型沙袋鼠为食。袋獾的身长可以达到 90 厘米，它们经常捕食小羊羔和小鸡，但更喜欢以动物尸体为食。

东澳袋鼩以
昆虫为食

黑尾阔脚袋鼩吃
小蜥蜴

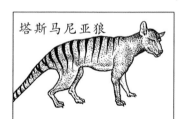

塔斯马尼亚狼

塔斯马尼亚狼的外表看上去像狗一样，约 60 厘米高，长约 80 厘米，是在塔斯马尼亚发现的一种有袋类哺乳动物。大约 90 年前，它们就被猎杀灭绝了。

毛鼻袋熊生活在约50厘米宽、30米长的地穴里，它们在晚上进食。冬天，生活在荒野和山丘上的普通毛鼻袋熊会在白天外出晒太阳取暖。

正在掘穴的毛鼻袋熊

日常生活

大多数有袋类动物都是晚上进食，白天休息。例如，树袋熊白天会睡在桉树的树枝间，日落时就爬到树顶去觅食。袋貂和负鼠会在夜间穿过森林，在觅食地和休息地之间穿梭。

在炎热的天气里，袋鼠在黎明和深夜进食，白天则在树下躲避阳光睡觉。天气转凉时，它们就白天进食，晚上睡觉。

夜晚，袋貂在树上觅食 ▷

社交活动

　　袋鼠喜欢群居生活，袋鼠群通常由一只成年雄性袋鼠、两三只雌性袋鼠和它们的幼崽组成。袋鼠宝宝会和妈妈在一起生活一段时间。食物充足时，几个小的袋鼠群体就会聚集成由 50 只或更多的袋鼠组成的大群体。

　　树袋熊和其他大多数有袋类动物都是独自生活。它们只会在交配时寻找同伴。一只雄性树袋熊可以吸引两三只雌性树袋熊，并与它们交配。树袋熊妈妈会一直把它的孩子照顾到 1 岁左右。树袋熊妈妈会把自己的孩子背在背上穿越树林。

一群红袋鼠在觅食

袋鼠宝宝在观察和倾听袋鼠妈妈的动静 ▷

天敌和防御

　　袋鼠有几种致命的敌人，最凶猛的是一种来自澳大利亚本土的澳洲野犬，只有成年袋鼠才能和澳洲野犬对抗。当袋鼠走投无路时，它们会用后肢踢敌人，并用爪子撕扯敌人。袋鼠幼崽经常被鹰和狐狸捕食。树袋熊也会被澳洲野犬和大型蜥蜴捕食。

　　在危险来临时，许多小型有袋类动物，如袋狸，也能迅速逃跑。然而，它们中的大多数都不会被天敌注意到，因为它们的皮毛颜色可以与其所处的环境融为一体。负鼠在危急关头会装死，因为大多数的狩猎动物更喜欢杀死动物的过程，所以它们不会搭理装死的负鼠。

　　澳洲野犬和牧羊犬的体形差不多大，是胎盘类哺乳动物，喜欢单独、成对或成群狩猎，捕食各种有袋类动物。狩猎时，它们会猛扑向猎物。澳洲野犬主要生活在澳大利亚中部的森林和开阔的草原上。

澳洲野犬

东袋狸

袋鼠从一群澳洲野犬的捕食中逃脱

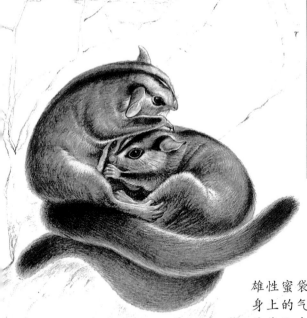

在交配的时候，雄性树袋熊会吸引雌性树袋熊，并发出嘶哑的叫声来警告其他雄性树袋熊。雌性树袋熊如果还没有准备好交配，就会拒绝雄性树袋熊。

雄性蜜袋鼯和雌性蜜袋鼯用它们身上的气味互相摩擦，这样它们就能认出对方

感官和气味

有袋类动物最重要的感官是听觉和嗅觉。袋鼠的耳瓣很长，可以前后转动，听到四面八方的声音。黑尾阔脚袋鼩和其他有袋类食肉动物在夜间捕猎时，利用听觉来定位猎物。大多数生活在树上的有袋类动物用声音来保持联系。

袋貂和飞袋鼠生活在一个充满异味和身体气味的世界里。它们用自己的尿液和粪便来标记自己的领地，用皮肤腺体散发的气味互相摩擦。帚尾袋貂和斑袋貂在森林生活中更依赖视觉而不是听觉，它们大大的眼睛朝向前方，能帮助它们准确地判断距离。

求偶和繁殖

雌性袋鼠在约 18 个月大的时候就已经准备好交配和生育了，而雄性袋鼠直到三岁半左右才能交配。一般来说，袋鼠会在夏天交配，这样袋鼠幼崽在来年春天就可以离开育儿袋生活了。

雄性袋鼠经常为了得到与雌性交配的权利而互相争斗。获胜者会用口鼻轻触雌性袋鼠，并发出咯咯的声音来吸引它，然后这对袋鼠就会交配。雌性袋鼠一次只生一个孩子。袋鼠幼崽一出生，就会爬进妈妈的育儿袋里，从妈妈的 4 个乳头里找一个吸取乳汁。然后，袋鼠妈妈就可以准备再次交配了。

雌性北美负鼠一次能繁殖 50 只幼崽，但是这些负鼠幼崽中的大多数都会因为找不到妈妈 13 个小乳头中的一个而死去。

红袋鼠的繁殖

红袋鼠妈妈大约怀孕 33 天后，幼崽就出生了

红袋鼠幼崽在育儿袋里吮吸乳汁。红袋鼠妈妈在第一只幼崽出生 2 天后可再次交配

第一只红袋鼠幼崽慢慢长大，它吮吸的乳汁也越来越少

树袋熊妈妈和它的宝宝白天在树上休息

第一只袋鼠幼崽在出生约7个月后离开妈妈的育儿袋，这时第二只袋鼠幼崽就出生了

第一只袋鼠幼崽现在可以吃植物了，但偶尔仍然会吸吮乳汁，而第二只袋鼠幼崽则需要不停地吸吮乳汁

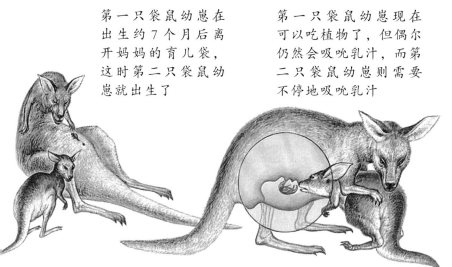

成长过程

　　新生的袋鼠没有耳朵，没有眼睛，也没有毛发。它们看起来更像一只小老鼠，而不是袋鼠。它们用前肢的爪子爬进妈妈的育儿袋，这15厘米的路程大约需要花费3分钟的时间。它们能在育儿袋里获得食物、温暖和保护。当袋鼠幼崽大约长到5个月大的时候，它们会第一次从育儿袋里探出头来。在接下来的几个月里，它们离开育儿袋的时间一天比一天长。它们开始跳跃、吃草，并自我清洁。但每当受到惊吓时，它们就又会跳回妈妈的育儿袋里。

　　小袋鼠很贪玩，它们互相打闹，不过，这是练习保护自己免受野犬和狐狸攻击的好方法，也是雄性袋鼠在成年后争取雌性袋鼠青睐的一种训练方法。袋鼠在野外可以活到18岁，被饲养的则可以活到28岁。

　　新生的袋鼠必须自己想办法找到妈妈的乳头，并迅速开始吸奶，否则就会死去。当它们吮吸乳汁时，乳头会膨胀并充满幼崽的口腔，这意味着当袋鼠妈妈四处走动时，幼崽不会脱离自己。袋鼠幼崽长得很快，但要过一个月甚至更长时间才开始变得像成年袋鼠。

红袋鼠幼崽打架

两个对手互相靠近，四处走动，张牙舞爪，好像在准备战斗一样

负鼠幼崽趴在它们妈妈的背上

然后它们试着把对方推倒在地

它们把前肢抱在一起摔跤

77

生存档案

　　自18世纪70年代欧洲人来到澳大利亚以来，有袋类动物的数量急剧减少。在此之前，土著居民靠猎取有袋类动物来获取肉食，但他们从未大量捕杀动物。欧洲人带来了羊、牛、兔子、狐狸、猫和狗，他们砍伐森林来放牧。袋鼠吃掉了牧场主饲养牛羊所需的大部分草，于是它们被视为有害动物，以至于成千上万只袋鼠被射杀。

被遗弃的小袋鼠在袋鼠妈妈被杀后获救

直到 20 世纪 30 年代，树袋熊和其他有袋类动物都在被射杀。射杀的原因有时是为了取乐，有时则是为了获取它们的皮毛。随着森林被砍伐，生活在树上的有袋类物种——如斑袋貂和帚尾袋貂的家园被摧毁。所有的有袋类动物都很容易成为狐狸或野猫、野狗的猎物。

树袋熊被从野外转移到保护区

在今天的澳大利亚，捕猎有袋类动物基本上是被禁止的。树袋熊主要生活在特别保护区内，分为温带和热带森林保护区，大多数物种可以在那里自由地生活。不过，红袋鼠、灰袋鼠和山袋鼠有时会在开阔的草原上自由活动。偶尔它们不得不被大量射杀或毒死，以保证它们的物种数量维持在合理的水平。

在南美洲，负鼠面临的最大威胁仍然是森林家园的破坏。然而，在北美洲，负鼠并不是濒危动物，尽管人们猎捕它们来获取食物和皮毛。许多负鼠在北美农场和城镇生活。现在，在加拿大北部还能找到北美负鼠。

为了减少袋鼠的数量，人们有时会捕杀袋鼠

鉴别图

这张图表向你展示了各种各样的有袋类哺乳动物，其中大多数可以在动物园里看到。正方形方格的边长代表 30 厘米。

- 澳大利亚物种
- 美洲物种

弯甲尾袋鼠

兔耳袋狸

树袋熊

袋獾

蹼足负鼠

袋鼬

袋鼹

有袋类动物的游戏

1. 如图1所示，画一个彩色方格图。将数字从 1—100 按顺序排列在方格中。
2. 剪下动物图片做棋子（如图2）。
3. 如图3所示，制作标有动物（既有有袋类，也有非有袋类）名称以及是否为有袋类动物的问题卡。
4. 游戏规则：轮流掷骰子，从1开始依骰子数向前移动棋子。如正好停在一个有颜色的小方格上，就抽取

1	91	92	93	94	95		97	98	99	100
	90	89	88	87	86	85	84	83	82	81
	71	72	73	74	75	76	77	78	79	80
	70	69	68	67	66	65	64	63	62	61
	51	52	53	54	55	56	57	58	59	60
	50	49	48	47	46	45	44	43	42	41
	31	32	33	34	35	36	37	38	39	40
	30	29	28	27	26	25	24	23	22	21
	11	12	13	14	15	16	17	18	19	20
	10	9	8	7	6	5	4	3	2	1

一张问题卡，回答卡片上的动物是否为有袋类动物。如果你的回答与卡片一致，就前进4格。如果不一致，就退后4格，谁的棋子先到达终点数字100处则获胜。

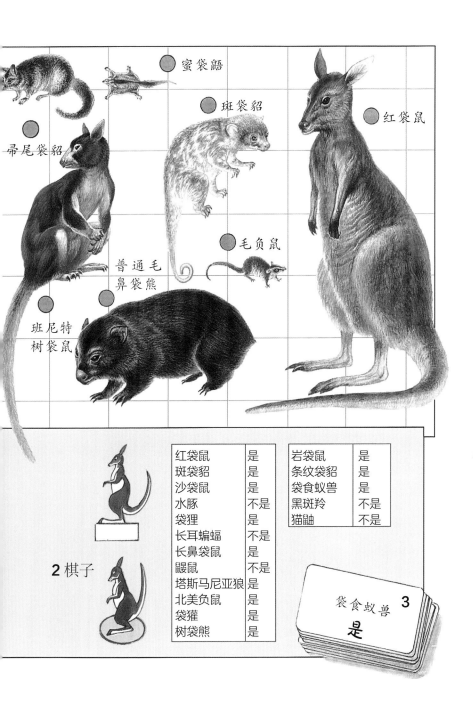

蜜袋鼯

斑袋貂

红袋鼠

帚尾袋貂

毛负鼠

普通毛
鼻袋熊

班尼特
树袋鼠

红袋鼠	是		岩袋鼠	是
斑袋貂	是		条纹袋貂	是
沙袋鼠	是		袋食蚁兽	是
水豚	不是		黑斑羚	不是
袋狸	是		猫鼬	不是
长耳蝙蝠	不是			
长鼻袋鼠	是			
鼹鼠	不是			
塔斯马尼亚狼	是			
北美负鼠	是			
袋獾	是			
树袋熊	是			

2 棋子

袋食蚁兽 **3**

是

第四章

极地动物

北极和南极

　　两个极地地区位于地球的两端，北端被称为北极，南端被称为南极。北极是一片被陆地包围的冰冻海洋，驯鹿、麝牛和北极兔等动物都生活在那里。它们都以陆地植物为食，是北极熊和北极狼等食肉动物的猎物。白鲸、独角鲸、海象和几种海豹生活在寒冷的北极海域。

　　南极大陆是一块永久埋藏在巨大冰层下的陆地。在这里，最大的陆地动物是昆虫！但世界上最大的动物蓝鲸却生活在冰冷的海水中。大量的企鹅、海狮和海狗也在冰盖边缘觅食。

南极边缘冰崖上的阿德利企鹅 ▷

 方框展示了人和极地动物的体形对照。

北极熊

北极熊是北极最大、最强壮的猎手。一只成年雄性北极熊直立时可达2.7米高，重达450千克。北极熊最喜欢的食物是海豹，它们用一只巨大的前爪打晕海豹，然后用牙齿和爪子撕开海豹进食。但是北极熊也吃鱼、鸟和鸟蛋，以及人类扔掉的食物残渣。

10月，随着冬天的临近，一只怀孕的雌性北极熊在雪地深处开辟了一个洞穴。它在这寒冷的环境里度过了几个月，终于在12月生下了幼崽。所有的北极熊都会在3月或4月离开洞穴。新生的幼崽在长到6个月大前都是以母乳为食。不久之后，幼崽就开始吃肉了。

北极熊洞穴的剖面图

北极熊是游泳健将。它们厚厚的油性皮毛和皮下厚厚的脂肪能让它们在冰冷的水中保持温暖。北极熊用前肢划水，用后肢作为舵来掌握方向。北极熊可以稳定地游上好几个小时，从一块浮冰游到另一块浮冰上。

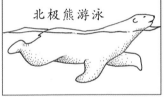

北极熊游泳

北极熊妈妈和它的幼崽们冒险穿越冰面

捕食者和猎物

　　一些北极食肉动物，如北极狼和猞猁会猎杀其他动物，它们的猎物包括驯鹿、麝牛、北极兔以及旅鼠等。其他食肉动物，如貂熊（拉丁学名原意为贪食者）是食腐动物，它们会偷走捕食者的猎物，并以任何能发现的动物尸体为食。

　　像金雕和雪鸮等猛禽会从空中捕食。它们以在遥远北方生活和繁殖的小型哺乳动物和鸟类为食。这些猛禽在低空飞行寻找猎物，发现目标就会俯冲下来，并用爪子捕杀，然后用钩状的喙把猎物撕碎。

麝牛聚集在一起，保护自己免受狼群的攻击

　　麝牛很容易成为捕食者的猎物，因为它们在受到攻击时不会逃跑。相反，成年麝牛会面朝外形成一个保护圈，把幼崽保护在麝牛群中间。

保卫食物和领地的貂熊极具攻击性

金雕守着死鹿

雄海象在搏斗

冰上生活

　　海象生活在浮冰上，有时也会去海水里。它们会在水里待很长时间，用长长的上犬齿或獠牙在海床上"犁食"蛤蜊。它们用肌肉发达的厚嘴唇从贝壳中吸食贝肉。海象不进食时，会在浮冰或海滩上休息或睡觉。它们依靠牙齿和强有力且可弯曲的鳍状肢行进。海象的獠牙也可以伤害虎鲸等捕食者，或者在冰上凿出一个透气孔。

　　像所有的企鹅一样，阿德利企鹅是一种生活在南极的不会飞的鸟类。它们用翅膀作"桨"，帮助跃上浮冰。阿德利企鹅的食物之一是磷虾。

海象依靠牙齿和鳍状肢"走路"

在冰雪之下

4 月，环斑海豹宝宝出生在妈妈挖好的雪洞里。雪能保护海豹幼崽免受北极狐和北极熊等捕食者的侵害，也能为海豹保温，直到它们长出厚厚的脂肪来保温。起初，环斑海豹的皮毛是白色的，一个月大后，它们身上就会长出灰色的斑点。随着年龄的增长，它们皮毛上的环纹会变得更加清晰，环斑海豹也因此而得名。

环斑海豹遍布整个北极。它们以鱼和虾蟹等有壳动物为食。和所有海豹一样，它们必须到水面上呼吸。当海水结冰时，它们会在冰层抓挠、撞击出透气孔。

独角鲸主要生活在有浮冰漂浮的北冰洋海域。雄性独角鲸长有一根可长达 3.3 米的细长牙。

环斑海豹和它的幼崽在雪洞中，通过一个透气孔呼吸

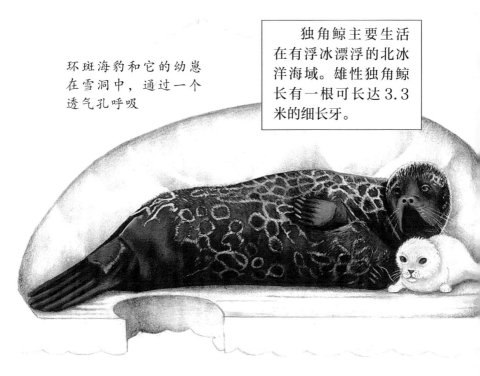

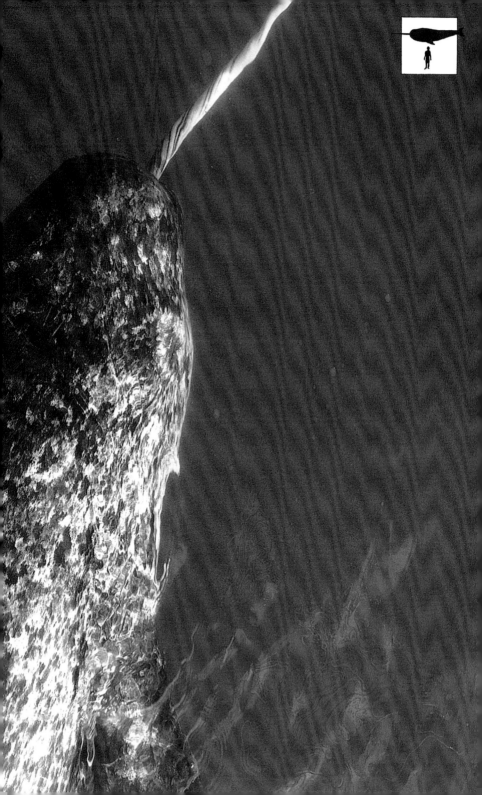

威尔逊风暴海燕以浮游生物为食

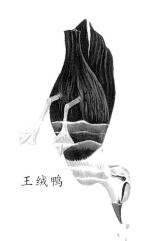
王绒鸭

水里的食物

夏天，北极和南极海域充满了生机。微小的植物——浮游植物漂浮在水中，这些植物是磷虾等动物的主要食物。磷虾看起来像小虾，会被鲸鱼、海豹、鱼和海鸟大量捕食。

没有树的北极地区属于苔原带，这里是许多动物的家园。北极苔原带分布有数千个湖泊、沼泽、泥滩和河口。春天，这些水域到处长满了杂草、藻类、昆虫幼虫和鱼类。这些水生生物是鸭、天鹅等鸟类的食物来源。这些鸟类大多在苔原上繁殖和筑巢。

潜鸟在水中捕鱼

座头鲸梳状鲸须板上的鲸须可以滤取来自北极水域的磷虾等小动物。鲸须分布在其口腔两侧，因此座头鲸属于须鲸科。

◁ 座头鲸"飞跃"出水面

在水边

对于南象海豹来说，9月和10月是一年中最忙碌的月份，这时候是南极春季的开始，南象海豹会到岸边繁殖。雄性先上岸，然后互相争夺海滩地盘。几周后雌性也开始上岸，它们成群结队地围着获胜的雄性。1年之后，南象海豹幼崽出生了，它们的妈妈大约在生产1周后会再次交配。

春天，数百万只水鸟在北极的湖泊岸上筑巢繁殖。比尤伊克天鹅可以建造一个直径达3米的水草堆。加拿大黑雁在铺有叶子、草和从自己胸前摘下的绒毛的洞里产卵。

比尤伊克天鹅和自己的"小天鹅"幼崽在巢中

蛋和幼崽

　　雌性帝企鹅产下一个蛋，它们会把蛋交由雄性帝企鹅放在脚上，用肚子上的绒毛为其保暖以孵化。之后，帝企鹅妈妈则摇摇晃晃地穿过冰面，到水里觅食。8 周后，企鹅蛋开始孵化，帝企鹅妈妈回来了，它们的肚子里全是半消化的鱼和鱿鱼。

　　帝企鹅妈妈给小企鹅喂食，而饥饿的企鹅爸爸则要去觅食了。12 月是南极食物最丰富的时候，小企鹅们会冒险下水。到帝企鹅完全长大时，它们的身高接近 1 米，体重可以达到45 千克。

帝企鹅与它的幼崽

　　在北半球夏季时，北极燕鸥会迁徙到遥远的北方筑巢繁殖。北极燕鸥会照料保护幼鸟，幼鸟出生时长满绒毛，几天后它们开始四处走动。北极燕鸥主要以鱼为食，它们会在海面上盘旋，然后潜入水中，用喙抓住猎物。北极燕鸥在北极度过一个夏天，6 个月后去南极度过另一个夏天。

颜色变化

　　岩雷鸟是一种生活在北极苔原带和高山地带的鸟，它们以植物为食，是北极狐和猛禽的猎物。夏天，这种鸟的羽毛是斑驳的棕色，与周围的岩石和地衣很好地融合在一起。到了秋冬，羽毛的颜色逐渐变白，使其很难在雪地里被发现，从而不受捕食者的侵害。

　　北极兔和北极狐也会随着季节的变化而变换皮毛颜色，它们都有一件灰褐色的"夏装"和一件白色的"冬装"。北极兔冬季的毛色有助于它们躲避捕食者，不过，北极狐冬季的毛色却能让它们在捕猎其他动物时得以隐藏。

夏季的白鼬

生活在北极的白鼬是一种食肉动物，它们的皮毛在不同季节颜色不同。到了秋冬，白鼬会从红棕色皮毛换成白色的。

冬季的白鼬

冬季，岩雷鸟的羽毛与雪融为一体……

……而夏季，其羽毛是苔原上岩石和植物的颜色

迁 徙

　　随着夏季的临近，许多鸟类和哺乳动物会长途跋涉到极地地区。当漫长而温暖的日子开始时，它们会以快速生长的植物为食。在加拿大，庞大的北美驯鹿群迁徙 1000 千米甚至更远的距离到北极苔原地区。它们的幼崽一般在 6 月出生。8 月，随着冬天的临近，整个鹿群开始向南迁徙，到森林里过冬。

　　在南极，信天翁、海鸥和海燕等海鸟不停地在海洋上空翱翔。它们以生活在浩瀚的大洋中的鱼、磷虾和鱿鱼等为食。漂泊信天翁可能会在海上生活好几年。成年的漂泊信天翁在上岸繁殖之前，会绕着巨大的冰盖飞行一两次。

　　旅鼠生活在加拿大最北部、斯堪的纳维亚和西伯利亚等地，冬天住在雪下的隧道里。它们主要在夏天繁殖。每隔 3 年或 4 年，它们的数量就会变得非常多，以至于无法获得充足的食物。当这种情况发生时，成千上万只旅鼠会成群结队地迁徙，寻找新的家园和食物。许多旅鼠会在迁徙的过程中死去。

挪威旅鼠在迁徙

迁徙的鹿群可以容纳 5 万只驯鹿 ▷

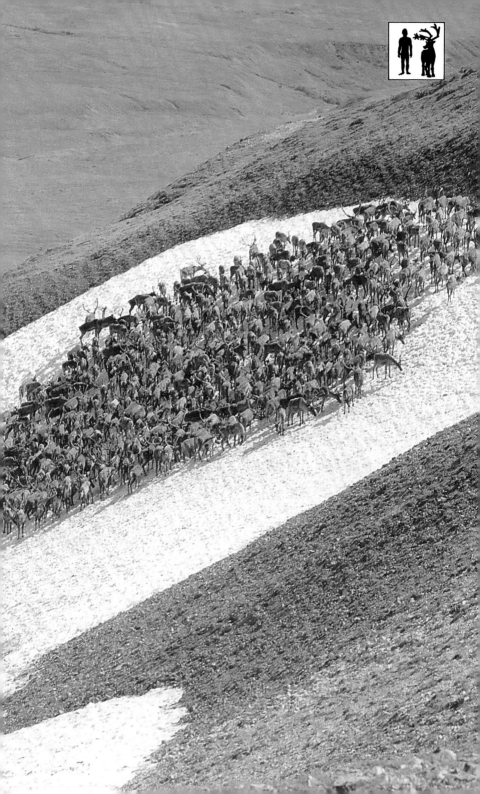

昆　虫

　　昆虫在极地短暂的夏季繁衍生息。在南极，它们靠少数生长在阳光充足的隐蔽地方的植物为生。龙虱和蚊子的幼虫生活在北极的池塘和湖泊中。蚊子是一些哺乳动物的主要危害之一，它们成群结队地跟着驯鹿群，以驯鹿的血液为食。

　　被称为"跳虫"的昆虫在北极冰层中存活了长达3年之久。其他昆虫的身体里含有防冻成分，可以防止它们的体液在冬天结冰。但大多数极地昆虫会冬眠，或在休眠期过冬。一旦冰雪融化，它们就会再次活跃起来。

苔原岩石上的雌蚊子

红灰蝶在北极的花朵上吸取花蜜 ▷

生存档案

　　人类在北极地区生活的历史已有几万年。最著名的是北美洲和格陵兰岛的因纽特人，以及斯堪的纳维亚半岛北部和俄罗斯的拉普人。因纽特人以捕猎海豹和鲸为食，但只捕杀他们需要维持生计的数量。一些因纽特人和印第安人仍然会跟随着迁徙的驯鹿群移居。在过去，他们会乘坐由雪橇犬拉的雪橇跟随着鹿群。现在，许多因纽特人使用机动雪橇或雪地摩托来跟随。拉普人会照料温顺的驯鹿群，依靠这些动物来获取食物（牛奶、奶酪和肉）、交通工具和衣物材料。

这些生病的海豹是在丹麦的海滩上被发现的

直到 19 世纪，南极才有人登陆。那时的探险家，和后来的捕鲸者、毛皮捕猎者陆续来到这里。从那时起，极地地区的野生动物们受到了人类的严重威胁。大多数鲸类因其鲸脂、鲸肉、鲸油等而被猎杀到几乎灭绝。海豹、北极熊、北极狐和白鼬都因为它们的皮毛而被捕杀。人类猎杀海象和独角鲸来获取长牙。

一个拉普人和他的驯鹿群

这只塘鹅因石油污染而死

幸运的是，北极和南极的许多商业活动正在得到控制。负责发展两极地区的国家签署了各种条约和协定。现在有许多国际法律限制每年能捕猎的极地动物的数量。其他法律将矿产勘探和建筑限制在不会破坏环境的地区，因此不会对野生动物造成太大的伤害。

在过去的 100 年里，北极和南极这两个极地地区都受到了严重的破坏和污染。发生这种情况的原因之一是人们在此勘探石油和矿产、建设道路和飞机跑道以及在冰雪上行驶车辆等。石油泄漏具有极大的破坏性，比如 1989 年春天，阿拉斯加油轮事故造成的巨大泄漏。植物的生长，以及依存于植物的动物的生活，已经被永久地扰乱了。

在阿拉斯加放生灰鲸

鉴别图

下图向你展示了本书中描述的许多极地动物及其主要分布地。大正方形方格的边长代表50厘米，小正方形方格的边长代表2米。

北极燕鸥

南极毛皮海狮

驯鹿

北极狐

雪鸮

座头鲸

漂泊信天翁

制作属于你的极地足迹

1. 将右图中的足迹轮廓临摹到一张大的方格纸上。
2. 用黑色签字笔或其他黑色彩笔为轮廓图填色。
3. 把足迹剪下来，排列成一个极圈状。
4. 让你的朋友试着辨认不同的足迹。你知道在哪个极地地区上会找到什么足迹吗？

○ 南极　　○ 北极

○ 北极熊

○ 麝牛

○ 北极兔

○ 阿德利企鹅

○ 海雀

○ 海象

○ 帝企鹅

企鹅

白鼬

白靴兔

极点

北极狐

北极熊

麝牛

鹅

海豹

107

第五章

鲸　类

海洋哺乳动物

　　虽然鲸鱼和海豚看起来像鱼，但它们实际上和我们一样是哺乳动物，并且也是用肺呼吸的温血动物。它们生下的幼崽以母乳为食。鲸的祖先和大多数哺乳动物一样生活在陆地上。但在过去的 5000 万年里，它们一直生活在海洋里。

　　和鱼一样，鲸也有着非常适合游泳的流线型身体，但鲸的尾巴是上下运动来游泳的，而不是像鱼那样左右摆动尾巴。鲸的前肢是鳍肢，而不是鳍，它们的骨骼的形状跟我们手臂和手部的骨骼形状相同。随着时间的推移，鲸的后肢已经消失了。它们的皮肤光滑，有少许皮毛，不像鱼的皮肤有鳞。

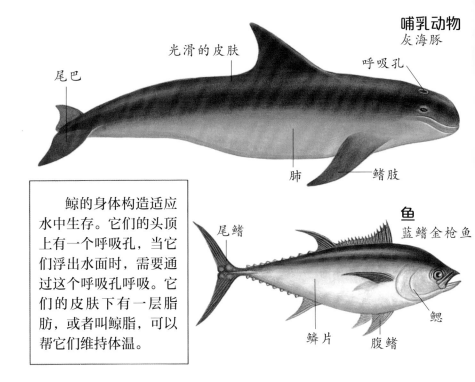

哺乳动物
灰海豚

尾巴　　光滑的皮肤　　呼吸孔

肺　　鳍肢

鱼
蓝鳍金枪鱼

尾鳍

鳞片　　腹鳍　　鳃

　　鲸的身体构造适应水中生存。它们的头顶上有一个呼吸孔，当它们浮出水面时，需要通过这个呼吸孔呼吸。它们的皮肤下有一层脂肪，或者叫鲸脂，可以帮它们维持体温。

座头鲸虽然身长有 15 米，却能轻松地在水中游动

方框每条边长代表 10 米，展示了不同鲸鱼的大小。

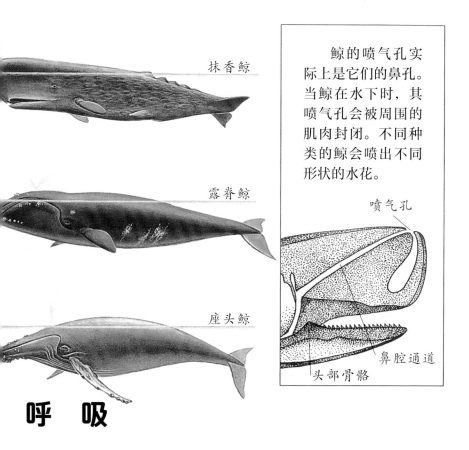

抹香鲸

露脊鲸

座头鲸

鲸的喷气孔实际上是它们的鼻孔。当鲸在水下时，其喷气孔会被周围的肌肉封闭。不同种类的鲸会喷出不同形状的水花。

喷气孔

鼻腔通道

头部骨骼

呼　吸

　　许多鲸能潜到海洋下很深的水域。抹香鲸可以下潜 3000 多米，每次在水下停留大约 1.5 小时。但是鲸必须浮出水面才能呼吸。当它们浮出水面时，会通过喷气孔排出体内的空气，形成我们看到的水柱。然后在再次潜水之前，它们需要做一系列深呼吸。

　　相对于鲸的体形来说，鲸的肺比我们的小得多，但比我们利用得更充分。鲸每次呼吸时，肺部大约 90% 的空气都会被替换掉，而我们的只有大约 12% 会被替换掉。鲸的肌肉中也含有大量的氧气。

◁ 蓝鲸

移　动

　　即使是像 15 米长的座头鲸这样的大型动物，也是天生的杂技演员和极其敏捷的游泳运动员。当它们浮上水面时，可能会完全跳出水面，在空中扭转身体，然后冲回水下。海豚经常成群结队地在海上的船只前面游动，看上去就像冲浪者一样乘着波浪前进。

　　鲸强壮的身体肌肉使其可以上下拍打尾巴在水中前进。它们用鳍肢控制方向。水很容易滑过它们光滑油亮的皮肤，它们也可以改变身体造型来应对深海的巨大水压。

潜水的座头鲸

　　海豚可以以 45 千米 /
小时或以上的速度行进。大
型鲸通常以 8 千米 / 小时的
速度悠闲行进，但是鳁鲸可
以达到 50 千米 / 小时，蓝
鲸可以达到 30 千米 / 小时。

游动的海豚

蓝鲸的尾巴在潜水时短暂地露出海面

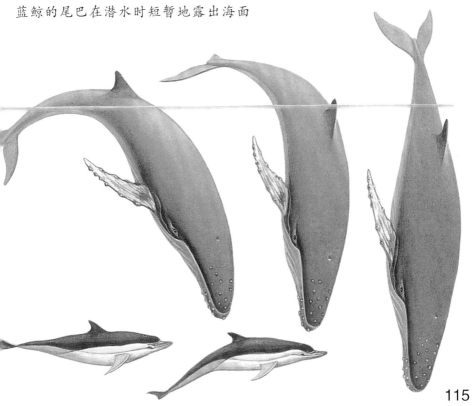

须 鲸

有 2 种不同类型的鲸——须鲸和齿鲸。须鲸有 15 种，它们没有牙齿，但是有一些角质须板，上颌两侧有角质须挂在口腔的顶部。这些角质须板被称为鲸须，是用作进食的"筛子"。

须鲸以磷虾和漂浮在水中的微小生物——浮游动物为食。须鲸张开嘴，把这些成群的微小生物连同海水一起吸入嘴里，然后把海水从口腔边推出去，食物被鲸须挡住后被吞下。蓝鲸是现存体形最大的动物，靠这种饮食方式能长到 150 吨重。

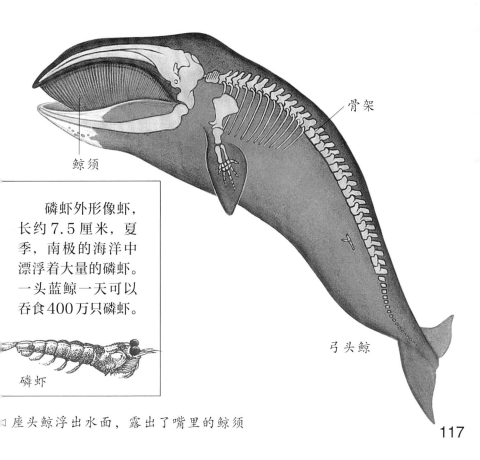

骨架

鲸须

磷虾外形像虾，长约 7.5 厘米，夏季，南极的海洋中漂浮着大量的磷虾。一头蓝鲸一天可以吞食 400 万只磷虾。

磷虾

弓头鲸

◁ 座头鲸浮出水面，露出了嘴里的鲸须

117

齿 鲸

　　世界上的大多数鲸，包括所有的海豚，都属于齿鲸亚目。它们的颌骨上长满了短锥形的牙齿，用来咬住像鱼和鱿鱼这样溜滑的猎物。普通海豚有 200 多颗牙齿，抹香鲸和其他以软体动物（如鱿鱼）为食的齿鲸，约有 50 颗牙齿。

　　虎鲸经常吃温血动物，如企鹅、海豹甚至海豚。它们成群结队地一起捕猎。有些海豚，如宽吻海豚也以群体的形式捕食，它们会围捕金枪鱼等鱼群。

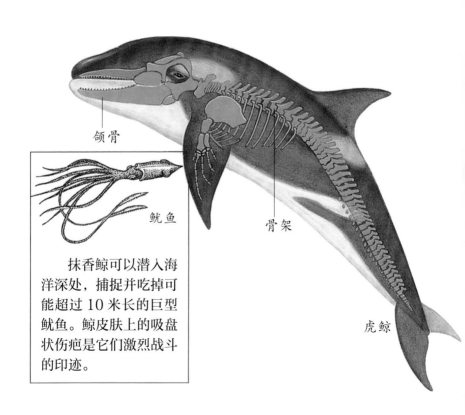

颌骨

鱿鱼

骨架

虎鲸

　　抹香鲸可以潜入海洋深处，捕捉并吃掉可能超过 10 米长的巨型鱿鱼。鲸皮肤上的吸盘状伤疤是它们激烈战斗的印迹。

海豚科

　　较小的齿鲸包括独角鲸、白鲸、海豚和鼠海豚。鼠海豚的头是圆的，没有像海豚那样的喙状颌，有的有一个小的背鳍，有的则没有。它们的体长约为 1.5 米。

　　海豚可以长到 4 米左右，它们有着发达的背鳍。除了极地水域之外，宽吻海豚和普通海豚几乎遍布世界各地。淡水豚类生活在亚马孙河和印度河等热带河流中，它们游得很慢，有时会用它们长长的"喙"在河床上寻找螃蟹。

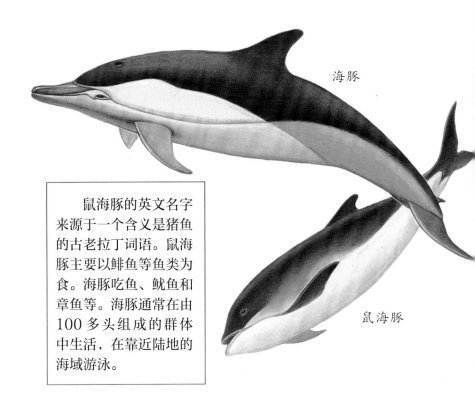

海豚

鼠海豚

　　鼠海豚的英文名字来源于一个含义是猪鱼的古老拉丁词语。鼠海豚主要以鲱鱼等鱼类为食。海豚吃鱼、鱿鱼和章鱼等。海豚通常在由 100 多头组成的群体中生活，在靠近陆地的海域游泳。

宽吻海豚喜欢群居

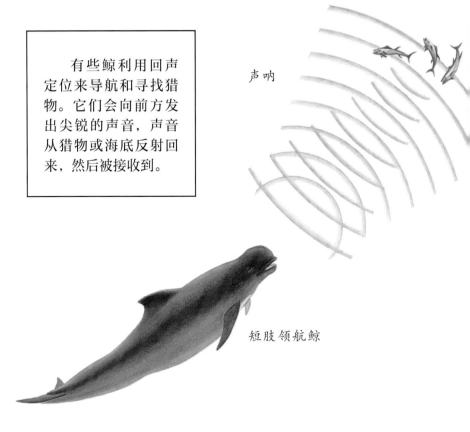

有些鲸利用回声定位来导航和寻找猎物。它们会向前方发出尖锐的声音，声音从猎物或海底反射回来，然后被接收到。

声呐

短肢领航鲸

感官和声音

和我们一样，鲸有一双眼睛、一个鼻子和一条舌头。鲸在露天和浅水中都能看得很清楚，但是因为它们的眼睛不能向前看，所以不能很好地判断距离。鲸在水下时，鼻孔是紧闭的，所以闻不到气味，但它们的舌头能尝到水中的化学物质。

鲸的听觉极好，可以探测到水中传播的声波。鲸能听到其他的鲸发出的声音并做出回应，齿鲸可以使用回声定位导航，这与船只使用的声呐导航类似。

迁 徙

　　一年中，大多数齿鲸都在跟随它们捕食的鱼群不停地迁徙，这会使它们绕着海洋无休止地环游。与之不同的是，须鲸每年只会往返于夏季觅食地和冬季繁殖地之间。

　　夏季，须鲸赖以生存的浮游生物在北极和南极水域最为丰富。灰鲸往返于遥远的北方觅食地和加利福尼亚附近的繁殖地需要迁徙 2 万千米。蓝鲸的种群有南半球和北半球之分，它们的繁殖地一般位于赤道附近，不同种群不会混在一起生活。

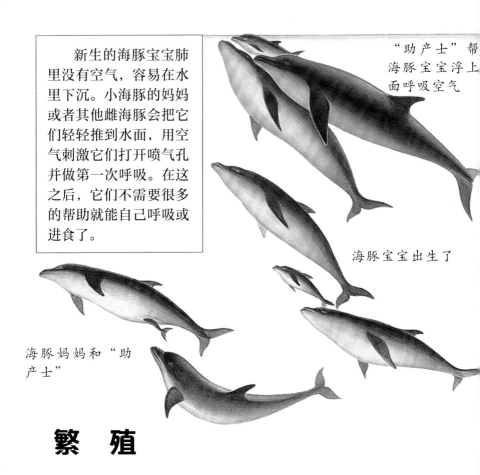

新生的海豚宝宝肺里没有空气，容易在水里下沉。小海豚的妈妈或者其他雌海豚会把它们轻轻推到水面，用空气刺激它们打开喷气孔并做第一次呼吸。在这之后，它们不需要很多的帮助就能自己呼吸或进食了。

"助产士"帮海豚宝宝浮上面呼吸空气

海豚宝宝出生了

海豚妈妈和"助产士"

繁　殖

在交配之前，齿鲸中的雄性，如雄性抹香鲸之间经常会为了争夺雌性而争斗，它们为了获得交配的权利而互相碰撞和撕咬。所有种类的雄性都会主动向雌性求偶，它们在水中追逐雌性，表演戏水和跳水，然后游到雌性旁边，用头抚摸它们。座头鲸这样的大型动物也有积极的求偶表现。最后，它们会在靠近水面的区域进行交配。

须鲸的求偶和交配行为发生在温暖的热带水域，幼鲸次年会在那里出生。大多数鲸的孕期约为一年。

雄性灰鲸在水下向雌性灰鲸求爱

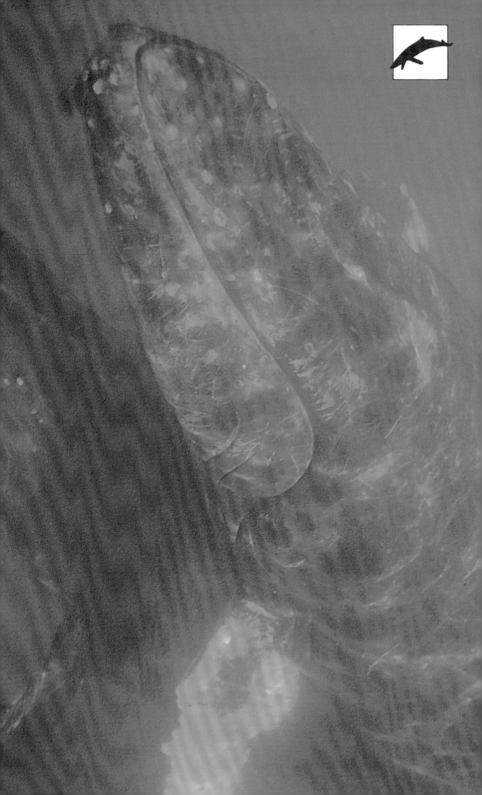

巨大的鲸宝宝

幼鲸是世界上体形最大的动物宝宝，一头蓝鲸幼崽约7.6米长，重达7吨。它们也是成长最快的动物宝宝，一天能长100千克左右。在出生几分钟后就能进行第一次进食，当母鲸给幼鲸哺乳时，会让营养丰富并且富含脂肪的乳汁流入幼鲸的嘴里。

像座头鲸、蓝鲸和灰鲸这样的大型须鲸，母鲸会产奶6个月左右哺育幼崽。此时，鲸已经回到了夏季的极地觅食地，在那里，幼鲸可以很容易地找到浮游生物进食，然后母鲸就可以不用将脂肪转换成乳汁哺乳了。

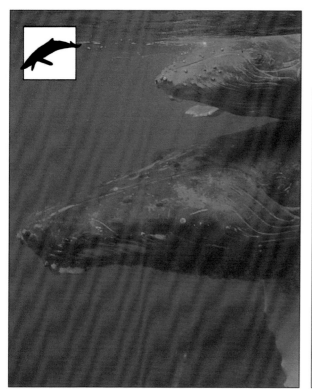

◁ 幼小的座头鲸和
它的妈妈在一起

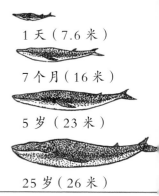

蓝鲸出生时的体重可能重达7吨。一开始，它们生长得很快，到了成熟期生长速度就变缓了。

1 天（7.6 米）

7 个月（16 米）

5 岁（23 米）

25 岁（26 米）

鲸宝宝游得离妈妈很近，这样更容易搭个便车 ▷

智　力

　　海豚看起来非常聪明，它们可以发出口哨声、脉冲式的声音和滴答声，这使它们能够在很远的距离间相互交流。在饲养的环境里，它们能学习各种戏法，模仿人类的许多声音和动作。一些科学家认为它们比狗聪明，但智力还是不如猿类。

　　鲸类的一些看似聪明的行为可能只是出自天生爱好嬉戏或性格友善，而不是真正的聪明。例如，雌鲸会主动地帮助彼此养育幼崽，海豚则会主动地帮助受伤的同伴到水面呼吸。

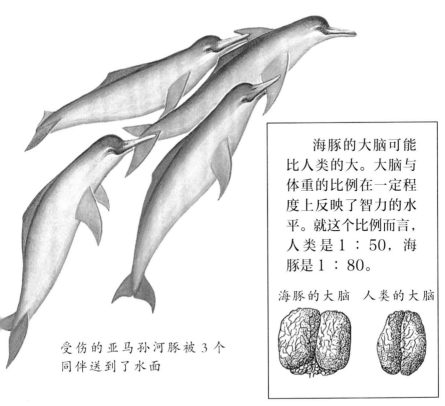

受伤的亚马孙河豚被 3 个
同伴送到了水面

　　海豚的大脑可能比人类的大。大脑与体重的比例在一定程度上反映了智力的水平。就这个比例而言，人类是 1：50，海豚是 1：80。

海豚的大脑　　人类的大脑

◁ 海豚能用声音交流

129

生存档案

　　数百年来，鲸一直被人类捕杀。它们的肉仍然被全世界许多人食用，也被用来制作宠物食品。鲸脂是鲸油的来源，可作为燃料使用，无烟蜡烛、油灯和机器使用的润滑剂也可以由鲸制品制成。捕鲸产业无情地摧残了野生动物的生命。因为动物被杀死的速度超过了它们的繁殖速度，许多物种的数量在急剧下降。今天，捕鲸活动有严格限制和管制，这才使鲸的数量有所恢复。

科学家们正在研究鲸和海豚

露脊鲸的游泳速度慢，很容易被早期捕鲸船捕获，它们也是最早变得稀有的物种之一。随着动力捕鲸船和爆炸鱼叉的发明，所有鲸类都成了捕猎者容易攻击的目标。之后，抹香鲸和大型须鲸等鲸类也随之遭殃。1931年，大约3万头蓝鲸在南极被捕杀，这是有史以来规模最大的捕鲸行动。

爆炸鱼叉使捕杀大型鲸鱼变得更容易

在东南亚和南美洲的一些地区，人们也会捕杀海豚来获取肉食。还有许多海豚死在了渔网里。

鲸的保护措施和买卖鲸的利润下降使某些国家的捕鲸活动得到控制。但捕鲸行为在世界其他地区仍有发生。因为许多种类的鲸数量非常稀少，甚至可能无法恢复到之前的水平，以至于人们对它们的生活习性知之甚少。

海洋公园里的虎鲸

鉴别图

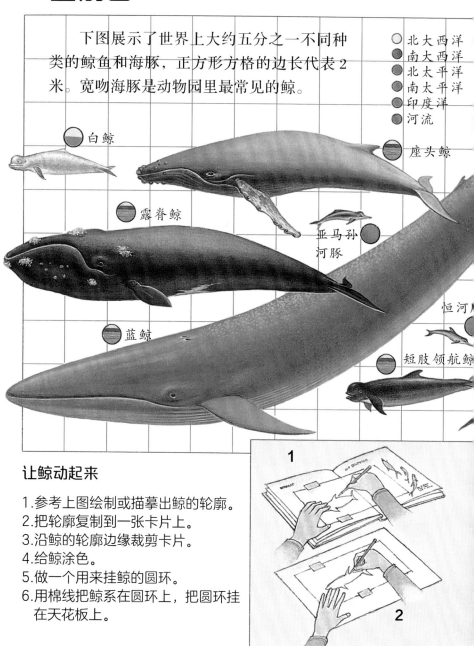

　　下图展示了世界上大约五分之一不同种类的鲸鱼和海豚，正方形方格的边长代表 2 米。宽吻海豚是动物园里最常见的鲸。

○ 北大西洋
● 南大西洋
◐ 北太平洋
◑ 南太平洋
◐ 印度洋
◐ 河流

白鲸

座头鲸

露脊鲸

亚马孙河豚

蓝鲸

恒河

短肢领航鲸

让鲸动起来

1. 参考上图绘制或描摹出鲸的轮廓。
2. 把轮廓复制到一张卡片上。
3. 沿鲸的轮廓边缘裁剪卡片。
4. 给鲸涂色。
5. 做一个用来挂鲸的圆环。
6. 用棉线把鲸系在圆环上，把圆环挂在天花板上。

1

2

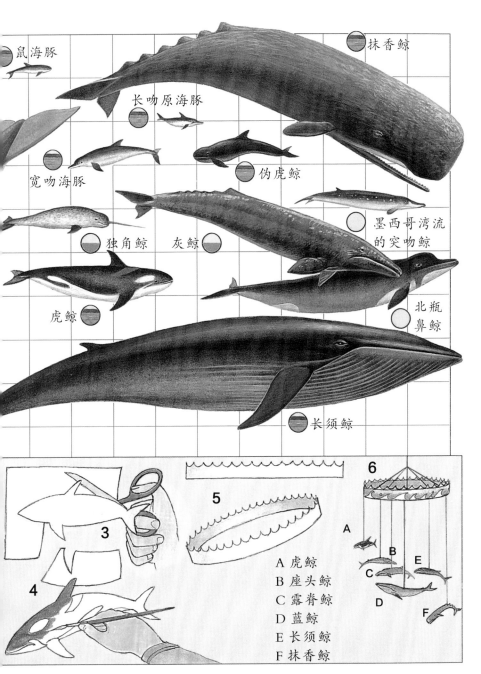

鼠海豚

抹香鲸

长吻原海豚

宽吻海豚

伪虎鲸

独角鲸　灰鲸

墨西哥湾流
的突吻鲸

虎鲸

北瓶
鼻鲸

长须鲸

3

4

5

6

A 虎鲸
B 座头鲸
C 露脊鲸
D 蓝鲸
E 长须鲸
F 抹香鲸

A

B

C

E

D

F

第六章

鲨 鱼

方框每条边长代表 3 米，展示了不同鲨鱼的大小。

流线型身体速度快

　　鲨鱼就是为海洋世界而生的。流线型的外形和用胸鳍平衡尾鳍的方式让它们可以毫不费力地游动和潜水。长长的尾巴使它们能以平缓的速度前进。捕猎时，它们也可以以 35 千米 / 小时的速度捕捉快速游动的动物，如鱿鱼、凤尾鱼和飞鱼。

　　许多鲨鱼，比如大青鲨，都是非常厉害的长距离迁徙者。大青鲨遍布世界各地的温暖海洋。夏天，它们跟随温暖的洋流游动。大青鲨生活在海面附近，它们淡蓝色的背部和纯白的腹部是生活在海面附近的鲨鱼的典型特征。

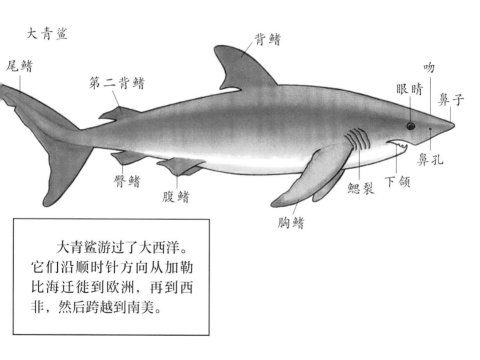

大青鲨　　　　　　　　　　　　背鳍
尾鳍　　　　　　　　　　　　　　　　　　吻
　　　　第二背鳍　　　　　　　　　　眼睛　鼻子
　　　　　　　　　　　　　　　　　　　　　鼻孔
　　　　　臀鳍　　　　　　　　　　　　鳃裂　下颌
　　　　　　　腹鳍
　　　　　　　　　　　　　　胸鳍

大青鲨游过了大西洋。它们沿顺时针方向从加勒比海迁徙到欧洲，再到西非，然后跨越到南美。

大青鲨，一个完美的游泳机器

137

不停地游动

一些生活在海底的鲨鱼可能会连续躺上几个小时，还有些鲨鱼可能会在水下的洞穴里打盹儿。与大多数鱼类不同，鲨鱼没有鱼鳔来帮助它们漂浮，但它们有一个大大的富含油脂的肝脏可以完成这项工作。

鲨鱼在不停地游动时，能获得持续的氧气供应。游泳时，有源源不断的水流过它们的鳃，然后从头部两侧的 5 个鳃裂中流出。鳃从水中吸取氧气。有些鲨鱼如果停止游动或被困住，水就不会流过其鳃部，它们也会因缺氧而窒息死亡。

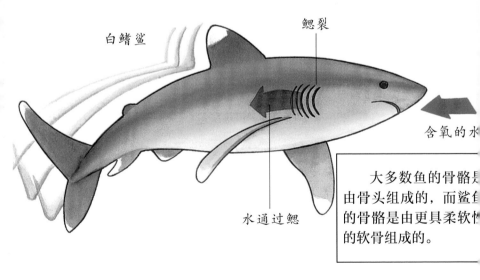

白鳍鲨

鳃裂

含氧的水

水通过鳃

大多数鱼的骨骼是由骨头组成的，而鲨鱼的骨骼是由更具柔软性的软骨组成的。

白鳍鲨可能是公海中最常见的鲨鱼

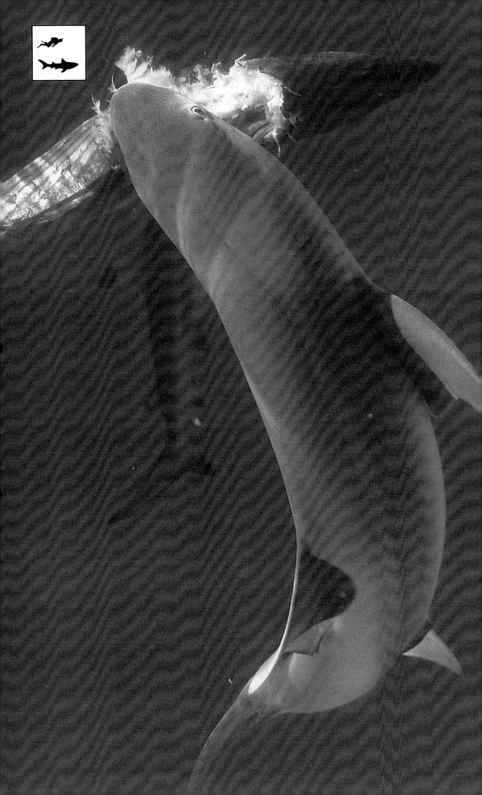

特殊的嗅觉

　　鲨鱼非常依赖嗅觉来寻找食物。它们的鼻孔很大，而且鼻孔之间相距很远。在寻找食物时，鲨鱼的头会左右摆动，然后转向气味最强烈的地方。科学家们认为，鲨鱼有时会通过皮肤上的味觉细胞来"品尝"味道。鲨鱼鼻子上有极其敏感的细胞，能接收到附近动物身上发出来的微弱电流。当动物在水中挣扎时，鲨鱼也能通过敏感的"侧线"感受到周围的振动。最重要的是，即使血液被水稀释了，它们也能闻到水中的血腥味，所以鲨鱼不依靠视力来捕猎。

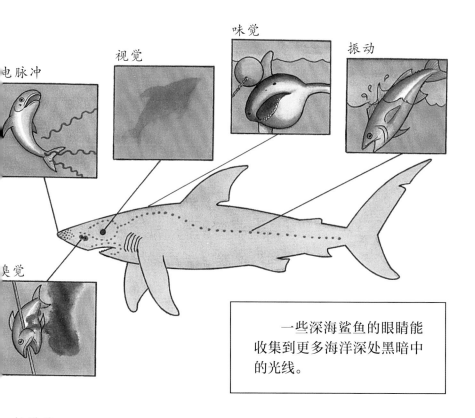

味觉

视觉

振动

电脉冲

臭觉

　　一些深海鲨鱼的眼睛能收集到更多海洋深处黑暗中的光线。

◁ 柠檬鲨

用以撕咬的牙齿

鲨鱼可以持续长出新牙齿。它们的上下颌都有许多排牙齿，当前面的牙齿磨损并脱落时，就会被内侧长出的新牙齿取代。

鲨鱼牙齿的形状取决于其所吃的食物。鼬鲨经常吃海龟，它们的上下颌上都有锯齿状的牙齿。它们咬住海龟，然后慢慢地左右摇头，这样牙齿就可以穿透龟壳和龟骨了。澳大利亚虎鲨有扁平的大牙齿，可以咬碎海胆、大虾和螃蟹。铰口鲨会用它们厚重的下颌来碾碎贝类，而那数百颗尖尖的小牙齿则可以紧紧咬住食物。

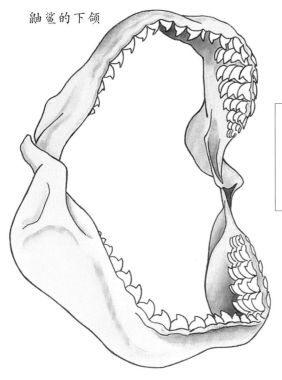

鼬鲨的下颌

鲨鱼撕咬的力量是巨大的。成年大白鲨的咬合力可达 450 千克，而人类的咬合力仅约 40 千克。

露出牙齿的沙虎鲨 ▷

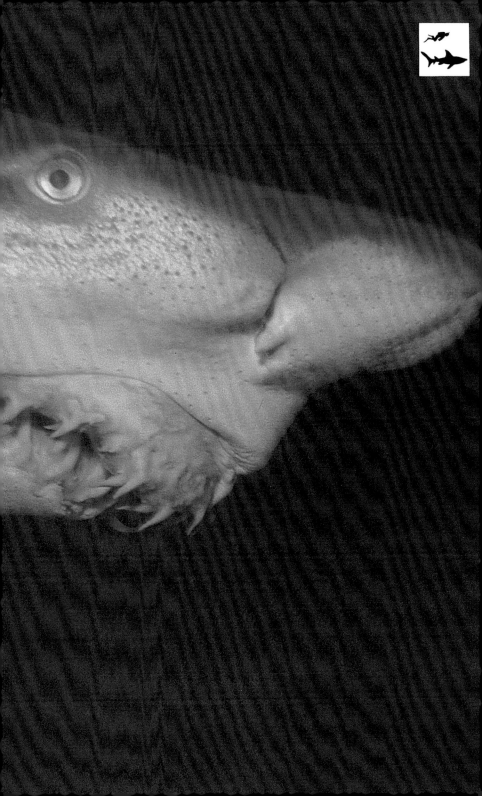

随意的饮食

　　大多数活跃的鲨鱼都有锋利的牙齿。它们以许多不同种类的猎物为食。一些鲨鱼，如大青鲨，会以快速游动的鱿鱼和生活在浅层海水中的各种鱼类为食。其他鲨鱼，如鼬鲨，则以它们遇到的所有海豚等海洋哺乳动物、海鸟和海龟为食。渔民们甚至在鼬鲨体内发现过旧靴子、锡罐、牛骨、渔网上的漂浮物、羊头，还有狗，其中大部分都是倾倒在海洋里的垃圾。这就是鼬鲨被称为"海洋垃圾桶"的原因。

　　当鲨鱼闻到血腥味时，它们就会冲过去，以"疯狂进食"的方式撕咬猎物。

鼬鲨会吃什么？

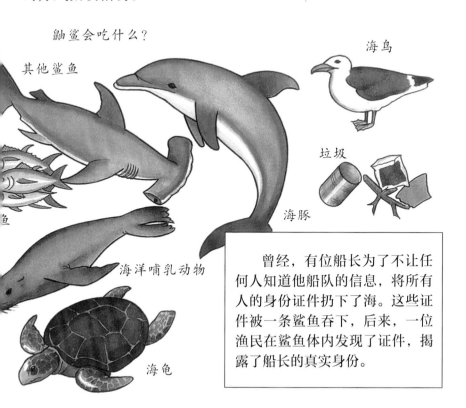

其他鲨鱼

海鸟

垃圾

海豚

海洋哺乳动物

海龟

　　曾经，有位船长为了不让任何人知道他船队的信息，将所有人的身份证件扔下了海。这些证件被一条鲨鱼吞下，后来，一位渔民在鲨鱼体内发现了证件，揭露了船长的真实身份。

◁ 身上有条纹的鼬鲨

145

同行者

　　有时，鲨鱼会成群结队地出行，但大多数是独自捕食。即使是那些孤独的"猎人"，身边通常也会有一些小鱼游来游去。领航鱼身上有深色的条纹，它们躲在鲨鱼的阴影下，免受敌人的攻击，但却能迅速蹿出去捕捉食物。

　　吸附在鲨鱼身上的鲫 (yìn) 鱼又称吸盘鱼，鲫鱼实际上是搭了鲨鱼的便车。它们靠头顶和背部的吸盘吸附在鲨鱼粗糙的皮肤上，以鲨鱼身上的寄生虫为食，也吃路过的小动物。

鲫鱼的俯视图

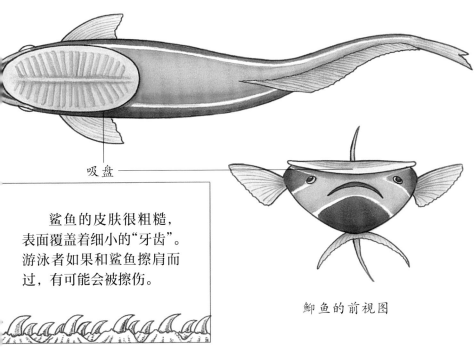

吸盘

　　鲨鱼的皮肤很粗糙，表面覆盖着细小的"牙齿"。游泳者如果和鲨鱼擦肩而过，有可能会被擦伤。

鲫鱼的前视图

◁ 豹鲨和吸盘鱼

147

温和的巨鲨

有3种体形非常大的鲨鱼是无伤害性的，它们是行动缓慢的"巨人"。鲸鲨是世界上已知最大的鲨鱼，身长约13.7米，主要生活在热带海域。它们游动时会吸食微小的浮游生物，有时以凤尾鱼、沙丁鱼和其他小鱼为食。

姥鲨生活在凉爽的温带海洋中，身长可达10米。它们游泳时会张着嘴，以浮游生物为食。

巨口鲨只被发现过几次，身长可达4.5米。它们生活在深海中，主要以深海虾为食。它们巨大嘴巴里有能发光的器官。

张开嘴的巨口鲨

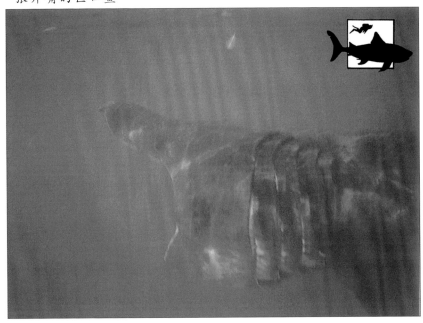

◁ 鲸鲨

不安全水域

有时游泳的人会被鲨鱼杀死。每年会有六七十起鲨鱼袭击人类的事件，但实际上只有大约5起鲨鱼致人死亡事件。几乎所有的袭击都发生在澳大利亚、南非和北美海岸附近的温暖水域。部分原因在于高温使鲨鱼更具攻击性。

只有大约20种鲨鱼是危险的。最危险的可能是大白鲨。它们的体长最长超过6米，大到足以吃下海豹、海狮、鼠海豚和大型鱼，偶尔也会攻击游泳的人。大多数鲨鱼只有在受到游泳者的惊吓或威胁时才会发起攻击，并不是因为它们饿了。

鲨鱼会被飞溅的水花和猎物的挣扎所吸引。如果附近有鲨鱼，游泳者应该冷静而平稳地游走，尽量不要惊慌。

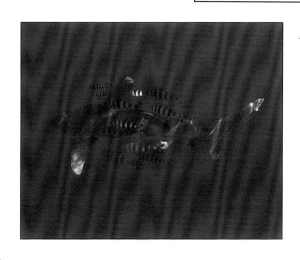

奇怪的鲨鱼

　　双髻鲨的头部扁平，侧面看上去似锤头形。它们比其他鲨鱼有更多的优势。锤头最末端的眼睛可以看到周围的一切，宽大的鼻孔可以帮助它们在远距离就能闻到食物的气味。双髻鲨通常是最先游到鱼饵身边的鲨鱼。

　　斑纹须鲨生活在澳大利亚北部和巴布亚新几内亚海岸，通常靠近珊瑚礁。斑驳的肤色和流苏般的长胡须可以帮助它们隐藏在海藻和珊瑚中。当鱼、螃蟹、龙虾或章鱼等猎物靠得足够近时，它们就可以捕食了。

卧在海底的斑纹须鲨

◁ 奇怪的双髻鲨

鲨鱼宝宝

　　大多数鱼是在水中产卵，但鲨鱼的繁殖方式不仅可以是卵生，一些鲨鱼还会直接产下仔鱼。大青鲨有时一次能产 50 条鲨鱼宝宝，但其他鲨鱼，比如鼠鲨，一次只能产几条。一条怀着 20 条小鲨鱼的白斑角鲨要近 2 年才能生产。

　　狗鲨（点纹斑竹鲨）是一种小鲨鱼，它们把卵产在小的坚韧卵鞘里。卵鞘的四角上有长长的卷须缠在海藻上，防止它们被冲走。狗鲨宝宝会在 5—11 个月后孵化出来，出生时身长约为 10 厘米。

狗鲨的卵鞘常被称为
"美人鱼的钱包"

狗鲨

　　鲨鱼宝宝一出生就可以照顾自己，它们不需要待在妈妈身边。

幼年的澳大利亚虎鲨 ▷

鲨鱼的敌人

　　因为鲨鱼大多体形庞大，游得很快，所以很少有动物能攻击它们。一些小鲨鱼或刚出生的鲨鱼宝宝会被大鲨鱼吃掉，还有一些会被虎鲸、抹香鲸和大型鱼攻击。许多海豚会一起攻击鲨鱼来保护自己的幼崽。剑鱼也以能刺伤鲨鱼而闻名。

　　鲨鱼最大的敌人是人类。每年约有 5 起鲨鱼致人死亡事件，但有成百上千万条鲨鱼被人类杀死。在一些国家，狗鲨和白斑角鲨会被捕获来作为食物。

海豚有时会攻击鲨鱼

　　英国的鱼店里有好几种小鲨鱼出售，它们通常被称为鳗鱼或岩石鳗鱼。

157

生存档案

　　鲨鱼已经生存了数亿年，但是即使它们的海洋栖息地没有任何危险，也会受到人类活动的威胁。幸运的是，一些科学家想研究鲨鱼并发现更多关于它们的信息。观察鲨鱼最好的地方就是它们自然生活的环境。潜水员有时会待在笼子里，这样就不会受到攻击，而且可以近距离地拍摄鲨鱼。潜水员还会用新鲜的鱼饵来吸引鲨鱼。

潜水员在笼子里拍摄大鲨鱼

经验丰富的潜水员有时会在几条鲨鱼中间自由游泳。他们拿着一根顶部装有炸药的棍子，以避开危险的鲨鱼。他们试图理解鲨鱼的"肢体语言"。从鲨鱼向潜水员游来时的动作可以看出来它们是好斗的、害怕的、好奇的、饥饿的还是顽皮的。潜水员通过给其鱼鳍上系上数字标牌来"标记"鲨鱼。如果一条鲨鱼被再次抓获，他们可以看到它是如何长大的，以及它游了多远。

潜水员在鲸鲨旁边

瓦莱丽·泰勒在测试她的鲨鱼服

科学家也能从被饲养的鲨鱼身上获得很多信息。他们可以研究鲨鱼如何听见声音、如何看见东西以及它们依赖嗅觉的程度，他们想知道鲨鱼探测其他动物微弱电流的器官是如何工作的，以及鲨鱼的味觉灵敏程度。如果科学家能找到鲨鱼不喜欢的物质，那么游泳者和潜水员就可以随身携带这种物质，以防受到攻击了。

一些自然科学家，比如泰勒一家，觉得鲨鱼十分迷人，以至于把鲨鱼作为自己一生的研究对象。

鉴别图

下图向你展示了一些比较常见的鲨鱼。你可以在动物园里看到其中的一些。这些鲨鱼被画成了相应的比例来展示它们的相对大小。

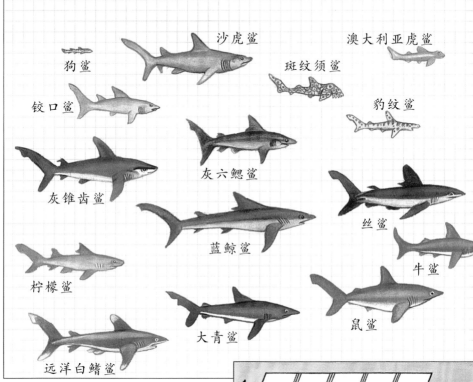

狗鲨

铰口鲨

沙虎鲨

斑纹须鲨

澳大利亚虎鲨

豹纹鲨

灰六鳃鲨

灰锥齿鲨

蓝鲸鲨

丝鲨

牛鲨

柠檬鲨

鼠鲨

远洋白鳍鲨

大青鲨

画一条真实大小的鲨鱼

1. 准备一张由多张纸粘贴构成的大纸。
2. 如右图,在大纸上画出边长为30厘米的正方形方格图。
3. 从上图中临摹绘制鲨鱼,图中的方格可以帮助到你。
4. 给你画的鲨鱼涂色。
5. 把你画的鲨鱼小心地剪下来。
6. 你可以把它粘在硬纸板上。

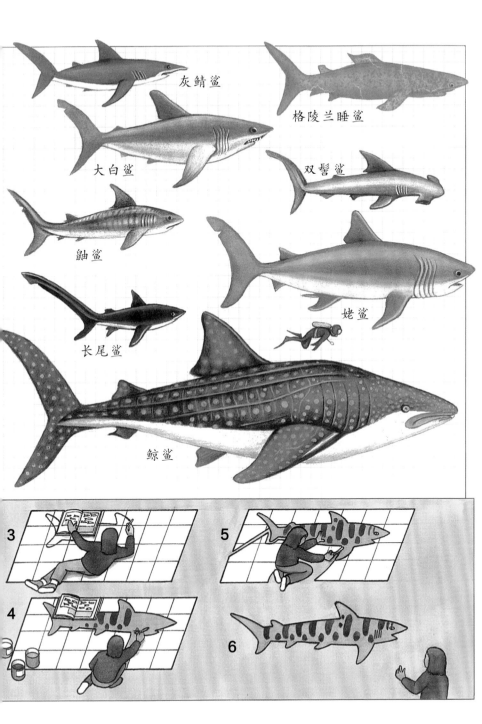

灰鲭鲨

格陵兰睡鲨

大白鲨

双髻鲨

鼬鲨

姥鲨

长尾鲨

鲸鲨

3

4

5

6

161

第七章

珊瑚礁中的生命

方框展示了人和珊瑚礁周围动物的体形对照。

珊瑚是什么

　　珊瑚有2种类型。硬珊瑚的外部骨骼是碳酸钙（石灰质）。如果这种珊瑚的数量很多，就会形成坚硬的大块岩石。软珊瑚的骨骼由角质管、骨针和杆状物组成。这些都隐藏在珊瑚的体内。

　　每个造礁珊瑚大约5毫米长，它的生命始于在水中自由游动的微小幼虫。当其得到一个稳固的支撑时，就会长出触须和外部骨骼。触须上有带刺的细胞，主要用来捕食小动物。随着珊瑚的生长，它会像花朵一样长出"蓓蕾"并附着在母体上。渐渐地，一个巨大、广阔的珊瑚礁群就发展起来了。

珊瑚是简单的圆筒状动物，有着柔软的囊状身体。其一端是张开的口，口周围环绕着触须。具有这种身体形态的动物被称为珊瑚虫。

惊人的形状和颜色

　　"鹿角""海扇"和"手指"只是用来形容造礁珊瑚奇怪形状的几个名字。黑珊瑚呈细长的分枝状带刺结构，触摸起来有疼痛感。脑珊瑚中的珊瑚虫成排生长，它们形成了一个带有脊线和深邃卷曲凹槽的骨骼，看起来就像人类大脑的外部构造。

　　大多数硬珊瑚是白色的，它们的颜色来自自身的石灰质骨骼的颜色。软珊瑚通常颜色鲜艳，红珊瑚会长出深红色的骨针，这种骨针可被用于制作珠宝首饰；蓝珊瑚的颜色来自其胃里的特殊化学物质。海扇珊瑚则有红色、绿色和蓝色的扇形外壳。

硬珊瑚虫张开触须捕食

脆弱的海星正在一簇珍贵的红珊瑚上爬行 ▷

造 礁

　　澳大利亚的大堡礁是世界上最大的珊瑚礁，它有2000多千米长，可能花费了几百万年时间才形成。珊瑚礁大约以每年15厘米的速度生长。随着旧珊瑚的死亡，新的珊瑚会在它们的骨骼表面重新生长。通常，许多不同类型的珊瑚会生长在一起。其他动植物对珊瑚礁结构的形成也有贡献。贻贝填充了珊瑚之间的缝隙，海藻则将松散的珊瑚砂和骨骼黏合在一起。

　　通常，造礁珊瑚只有在温度超过20℃的干净、清澈的海水中才能生长，因此珊瑚礁常见于热带和靠近赤道的温暖海洋中。它们在海面以下45米深的地方茁壮成长。在这个深度以下，生长在珊瑚虫里的微小植物就接触不到足够的光线，而这些植物是珊瑚骨骼生长所必需的。

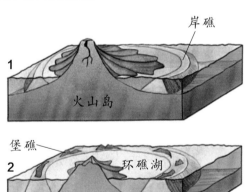

　　珊瑚礁通常形成于一个正在下沉的岛屿周围。它们首先在海岸附近形成岸礁（1）。随着岛屿进一步下沉，形成了一个堡礁（2）。当岛屿完全消失时，一大片海洋将它与大陆隔开，只留下一个圆形的珊瑚礁，即环礁（3）。

阳光穿透鹿角珊瑚群上方的清澈海水 ▷

食物链

所有的珊瑚礁动物最终都以植物为食。水生植物是小型动物和鱼类的食物，这些小型动物和鱼类包括小到只有人类小拇指大小的蝴蝶鱼，以及大到 12 米长的姥鲨。许多小鱼被梭鱼和鱿鱼等大型食肉动物捕食，也可能在死后被龙虾、鳀鱼、海蛇等食腐动物吃掉。

珊瑚也是食物链的一部分。它们晚上觅食，从骨杯里伸出触须，与触须相撞的小鱼、螃蟹或微小动物会被麻痹，动物们被困住后，会被送到珊瑚的嘴里。捕食猎物的珊瑚也会被其他动物捕食，鹦嘴鱼会撕咬并吃掉大块的活珊瑚，海星则用腕部的吸盘吸食珊瑚礁上的珊瑚虫。

雀鲷在珊瑚中游弋

双髻鲨是珊瑚礁食物链顶端的凶猛捕食者 ▷

准备突袭

　　章鱼和鳗鱼潜伏在珊瑚礁的洞和缝隙中，它们等待猎物游过，然后突袭并捕获猎物。章鱼很大程度上依赖视觉来寻找和锁定它们的猎物，如螃蟹、龙虾和鱼类。当其伏击一只动物时，会用角质下颌狠狠咬它一口，然后再把猎物带回自己的藏身之处并吃掉。章鱼有时会跟踪猎物，它用 8 只触手在礁石上游动和爬行，每只触手上都布满了吸盘。

　　海鳗也捕食小鱼、螃蟹和龙虾。它们用细长锋利的牙齿捕捉猎物。这些牙齿是铰链式的，因此猎物一旦进入喉咙，就无法逃脱。

海鳗向路过的鱼猛冲过去

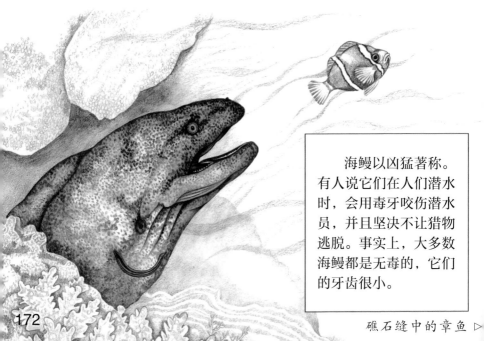

　　海鳗以凶猛著称。有人说它们在人们潜水时，会用毒牙咬伤潜水员，并且坚决不让猎物逃脱。事实上，大多数海鳗都是无毒的，它们的牙齿很小。

礁石缝中的章鱼 ▷

镰鱼群

红斑鱼

天竺鲷

尖吻鲀

小丑鱼

鹦嘴鱼

蓑鲉

镰鱼和许多珊瑚鱼一样，生活在一个大大的群体里。捕食者很难从鱼群中挑出一条鱼来，因此每条鱼被捕获的概率很小。

防御战术

许多珊瑚鱼颜色鲜艳，这些颜色有助于伪装它们自身，保护它们免受捕食者的伤害。例如，天竺鲷是带有黑色条纹的淡红色鱼，它们在晚上最活跃，白天则在与自身颜色融合极好的珊瑚之间活动。

河鲀依靠刺来保护自己。当受到威胁时，它们会像气球充气一样吸入水或空气使腹部膨大，让它们又长又尖的刺可以突出来。与此同时，它们的眼睛会呈现出一种怒视的表情，这也增加了它们的威慑性。

2条河鲀，上面一条腹部膨大，另一条呈放松状态

微小的生物

　　数十亿被称为浮游植物的微小植物漂浮在海面和珊瑚礁周围，微小的浮游动物以它们为食。这些浮游动物包括用鞭毛（尾巴）移动的单细胞生物，以及藤壶和蜗牛的幼体等。许多浮游生物用体内的气室或分泌的油滴帮助自己漂浮。

　　白天，浮游植物利用阳光将化学物质和水转化为食物。晚上，它们利用这些食物来生长和繁殖。每天日落时，许多浮游动物会游到水面上吃掉这些植物。日出时，浮游动物停止进食并返回较深的水下，这就给了浮游植物重新生长的时间。

浮游动物的每日迁徙

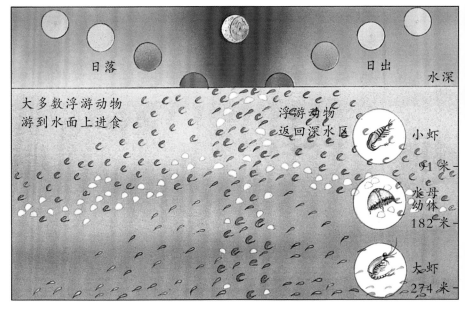

日落　　　　　　　　　　　　　　　　　　日出

水深

大多数浮游动物
游到水面上进食

浮游动物
返回深水区

小虾
91米

水母幼体
182米

大虾
274米

龙虾和螃蟹

世界上最大的龙虾生活在美洲海岸附近的珊瑚礁中。它们体长约60厘米，重约20千克。和所有的龙虾一样，它们是食腐动物，有4对细长的腿，可以在海底寻找食物。现在很少有龙虾能长到特别大。它们被许多人视为美味佳肴，被大量捕捞。

日本蜘蛛蟹体形更大——它们伸展开的腿几乎有8米长。这种螃蟹生活在靠近珊瑚礁的海底沙地，以虾、海星、蠕虫和蛤蚌为食。和龙虾一样，它们也有一副叫外骨骼的坚硬"盔甲"，可以保护自己不受捕食者的攻击。

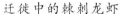

迁徙中的棘刺龙虾

棘刺龙虾多生活在佛罗里达州和加勒比海附近的珊瑚礁中。秋天，它们向南迁徙到温暖的水域，每天行进15千米左右。它们排成单行，一个接着一个，依靠视觉和触觉移动。

海 龟

　　像绿海龟和蠵（xī）龟这样在热带海域游动很长距离的动物，经常停在珊瑚礁上觅食和休息。绿海龟是东非、印度尼西亚、澳大利亚和南美洲海岸附近珊瑚礁的常客，它们是食草动物，以浅水中的海藻为食。但蠵龟和其他大多数海龟一样是食肉动物，它们捕食水母、贻贝、海胆和鱼类等。

　　像所有的爬行动物一样，海龟用肺呼吸，产下的蛋有坚韧的外壳。虽然它们在水中交配，但雌海龟必须上岸产卵。雌性绿海龟经常在大堡礁的岛屿海滩上产卵。

小海龟奔向大海

绿海龟

　　小海龟一孵化就会涌向开阔的水域。在途中，大部分小海龟会被鸟类、螃蟹和蜥蜴吞食，那些存活下来的则会成功回到海洋。

在佛罗里达海岸的玳瑁 ▷

178

海蛇和海星

　　海蛇以珊瑚礁中的鱼卵和鳗鱼为食。最大的海蛇品种青环海蛇的身长可达2.5米。它们是眼镜蛇的亲戚，能用剧毒迅速地杀死猎物。但是海蛇在陆地上行动不便，大多数海蛇会在水中产下幼崽。

　　大多数海星有5个腕，有些甚至有40个，从身体中央伸展开来。海星如果失去一个腕，就会长出一个新的腕。海星用它们的腕撬开贻贝和蛤壳。棘冠海星也用腕来捕食珊瑚虫。这对珊瑚礁造成了极大的破坏。

棘冠海星以珊瑚虫为食

橄榄海蛇在暗礁上捕食 ▷

扇形蠕虫和海蛞蝓

扇形蠕虫因其鲜艳的羽毛状触须而得名，它们用这些触须呼吸和进食。它们的食物大多是小动物和漂浮的食物颗粒，它们用伸展开的触须从珊瑚礁周围的水中滤食。蠕虫会长出一根坚硬的外管来保护自己的身体。当休息或受到威胁时，它们就会藏进管子里。在触须的中心有一个像塞子一样的结构来封住入口。

海蛞蝓与蜗牛有亲缘关系，但是大多数种类的海蛞蝓没有壳。它们在礁石上游泳，扁平的身体像波浪一样移动。许多海蛞蝓捕食水母和海葵，它们可以把从猎物中"劫持"来的刺细胞转化为自己的防御机制。

色彩鲜艳的海蛞蝓就像是西班牙舞者

扇形蠕虫伸展开触须进食 ▷

生存档案

　　珊瑚礁不断地堆积和磨损，新的珊瑚虫不断成长，珊瑚群也越来越大。但与此同时，捕食者以及海浪和风暴也在破坏着珊瑚礁。这样对立的过程已经持续了数百万年，但最近人类的干涉已经打破了自然的平衡。水污染，矿物和石油的挖掘、爆破和钻探，温室效应，臭氧层空洞和海洋旅游业，都在威胁着珊瑚礁，使它们的毁灭速度远远超过了它们的生长速度。

人类把海龟剖开来获取蛋和肉

污染以各种方式影响着珊瑚礁。污水和有毒的废弃物要么毒害珊瑚虫，要么杀死它们赖以为生的浮游动物。陆地上的杀虫剂和泄漏的石油也会以同样的方式破坏珊瑚礁。沉积物和沙子使水变得浑浊，让光线无法照射到珊瑚虫体内的微小藻类。这对珊瑚虫来说是致命的，对珊瑚礁而言也是一样。

用爆破和钻探等手段对珊瑚礁周围的矿物和石油进行开采会带来灾难性的后果。珊瑚被破坏，当地的生态系统被破坏，植物也被杀死，这一切都威胁着以此为生的动物们的生命。全球变暖导致的温室效应也是一个严重的威胁，这已经导致全球海平面上升，而且很可能还会继续上升，这些变化对珊瑚礁的危害都是巨大的。

海洋旅游业也威胁着珊瑚礁群落。潜水员会伤害活的珊瑚虫，并把大块的珊瑚挖走做成纪念品或珠宝。也许最好的保护措施就是把珊瑚礁变成野生保护区。1975年，澳大利亚政府宣布大堡礁成为海洋公园，部分珊瑚礁地区现在是"禁区"，除了需要研究珊瑚和周围野生动物的科学家之外，任何人都不允许进入。

石油污染了珊瑚礁水域

棘冠海星

我们可以在不造成破坏的情况下探索珊瑚礁

185

鉴别图

这里展示了珊瑚礁中能发现的许多动物，正方形方格的边长代表15厘米。如果你去参观珊瑚礁，请一定不要破坏珊瑚或打扰生活在珊瑚礁上及其附近的动物。

鹦嘴鱼

兔子鱼

葡萄牙战舰水母

雀鲷

海鳗

海鳃

球海胆

软珊瑚

脑珊瑚

海绵

动手制作珊瑚礁

1和2. 在大硬纸板上画方格，画出上下2个珊瑚礁的场景。

3. 给场景涂色，并剪下来。

4. 用另一张硬纸板剪出一个"窗口"，粘上一个珊瑚礁。

5. 把你画的另一个珊瑚礁粘在顶部有拉片的卡片上。

6. 抽拉拉片，做成一个会动的立体图。

蓑鲉

绿海龟

海扇

鹿角珊瑚

软珊瑚　　海葵　　尖吻鲀　　棘刺龙虾

蓝海星

2

4

6

3

5

187

第八章

深海动物

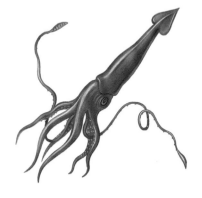

海洋深处

不同深度的海水中都生活着动物，随着深度的增加，动物的种类也不断减少。根据光线、水压和盐分的不同划分出了一些不同的自然区域。上层水域里生活着大量不同种类的鱼，表层水域里生活着非常多像章鱼、龙虾和水母这样的无脊椎动物（没有背脊的动物）。

像鲸鱼这样的海洋哺乳动物和像海龟这样的爬行动物都能潜入海洋深处，不过它们必须定时回到海面来呼吸空气。包括鮟鱇和头尾灯鱼在内的 2000 种鱼类，一生都生活在深海里。海床上还生活着穴居蠕虫、海参、海绵和甲壳类动物。

海洋最上层的区域被称作光亮带。这一层的最底部也是阳光所能渗透到海洋里的最深处。在这之下就是半深海带和深海带。晚上，一些中层水域的动物会游到表层水域去觅食。深层水域的动物则很少离开深海带。

在海底发现的海参

1. 飞鱼

2. 章鱼

3. 大白鲨

4. 球栉水母

5. 龙虾

6. 马鲛鱼

7. 抹香鲸

8. 鱿鱼

9. 海星

10. 海龟

11. 头尾灯鱼

12. 鮟鱇

13. 深海虾

14. 深海狗母鱼

15. 海绵

食物链

　　海洋深处没有任何植物，但是所有的深海生物最终都要依靠植物生存。植物利用阳光的能量自主制造食物，动物没有这种功能，它们通过吃植物和其他动物来获取身体所需的能量。浮游植物是一种自由浮动的微型植物，处在海洋生物食物链的最底层。浮游植物在表层水域中生长和繁殖，无脊椎动物和鱼类以它们为食，这些动物又会被大型鱼类（如鲨鱼）和其他食肉动物（如鱿鱼和鲸）捕食。

　　当这些植物和动物死去后，它们的遗体会掉落到海底。这些"食物雨"就会被海参、虾类和扇形蠕虫这些深海的食腐动物吃掉。深海捕食者们则会以这些食腐动物为食，也会相互残杀。

深海虾用它们的脚爪来抓住大片的食物

大白鲨经常在深海捕捉小型鱼类 ▷

方框展示了人和深海动物的体形对照。

大和小

　　1878年,人们在纽芬兰的海湾中发现了一条长约16.6米、重约2吨的巨型鱿鱼。这个物种可以在海平面以下600米深的地方生活,人们猜测它们可能以鱼类、甲壳类动物和其他种类的鱿鱼为食,它们是世界上最大的无脊椎动物,不过与体长可达20米、体重可达70吨的抹香鲸相比,它们的个头就显得小多了。抹香鲸主要以鱿鱼为食,人们曾经在抹香鲸的肚子里发现过一只完整的12米长的巨型鱿鱼。

　　海洋中最常见的鱼可能要数钻光鱼,它们生活在海平面以下500米深的地方,以小型贝类动物为食。钻光鱼非常小,甚至还没有我们的大拇指长。深海捕食者中,钻光鱼、与其体形差不多的斧头鱼以及头尾灯鱼的数量大概占90%。

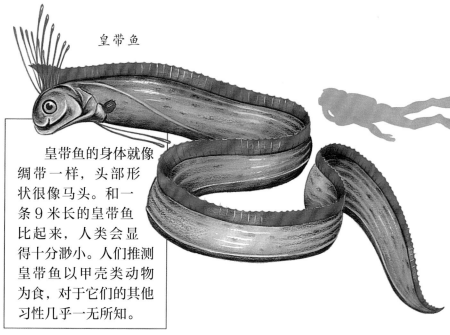

皇带鱼

　　皇带鱼的身体就像绸带一样,头部形状很像马头。和一条9米长的皇带鱼比起来,人类会显得十分渺小。人们推测皇带鱼以甲壳类动物为食,对于它们的其他习性几乎一无所知。

巨大的颌骨

　　叉齿鱼、吞噬鳗、巨口鱼、星衫鱼和奇棘鱼——这些只是一部分深海鱼类的名字。所有这些动物都有着巨大的颌骨和可怕的牙齿。因为在黑暗中很难发现食物，所以它们在游动时会把嘴巴张得大大的，准备随时吞下任何漂过来的能吃的东西。有时，它们的同类动物会意外成为猎物，漂进它们的嘴里。

　　叉齿鱼和蝰鱼大约有15厘米长，可以吃下比自己长2倍的猎物。它们的颌骨非常巨大，占据了大半个头部，上下颌排列着许多弯曲的尖牙。它们会用牙齿刺向猎物，把它们拖进嘴里。它们吞咽时，头部就像和身体分开了一样。它们的胃部可以极大地收缩和拉伸，仿佛是由弹性材料制作的。蝰鱼饱餐一顿后可以维持好几天。

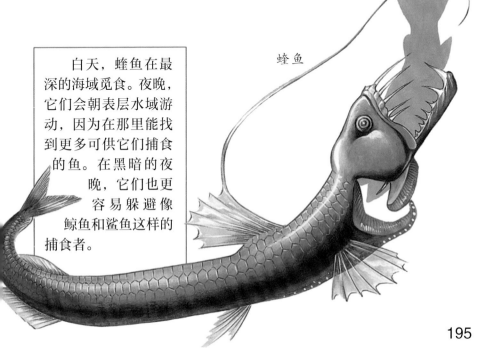

蝰鱼

　　白天，蝰鱼在最深的海域觅食。夜晚，它们会朝表层水域游动，因为在那里能找到更多可供它们捕食的鱼。在黑暗的夜晚，它们也更容易躲避像鲸鱼和鲨鱼这样的捕食者。

黑暗里的恶魔

　　鳐鱼、魟鱼和银鲛都是鲨鱼的近亲，它们生活在海平面以下 2400 米深的地方。这些鱼经常被比作恶魔，因为它们可以产生有害的毒液和强有力的电流。

　　大西洋电鳐以其他鱼类为食，它们可以用自己的"翅膀"尖端产生的电流击晕猎物。太平洋大灰鳐是其近亲，也同样残暴，它们的尾巴又长又薄，覆盖着锋利的尖刺。当受到威胁时，会向前甩动尾巴来攻击捕食者。兔银鲛是一种银鲛，其头部长有带毒的刺，可以在敌人或猎物身上划出很深的伤口。

长尾鳕用它的尖刺来警告捕食者

蝠鲼

鹞鲼

古希腊人和古罗马人尝试用电鳐来治疗各种疾病，他们发现这种鱼对人类的身体能起到不同寻常的影响，比如让血液凝结或者缓解头痛。病人只需要站在电鳐上，或者用额头触碰电鳐。

黄貂鱼

197

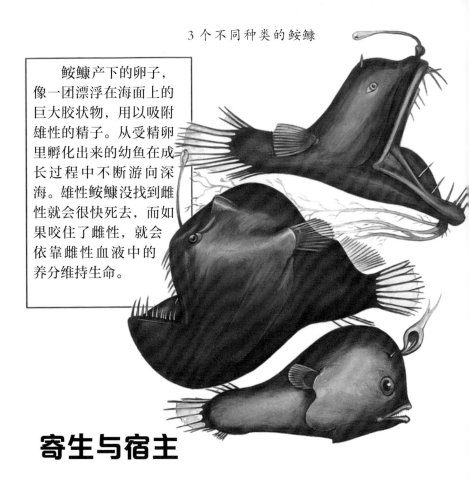

鮟鱇产下的卵子，像一团漂浮在海面上的巨大胶状物，用以吸附雄性的精子。从受精卵里孵化出来的幼鱼在成长过程中不断游向深海。雄性鮟鱇没找到雌性就会很快死去，而如果咬住了雌性，就会依靠雌性血液中的养分维持生命。

寄生与宿主

鮟鱇是最奇怪的深海生物之一，这些小捕食者用"鱼竿"和"鱼线"来捕捉其他鱼类。"鱼竿"是鮟鱇额头上长出的一种又长又细的鳍，鳍的尾端通常是红色的，呈蠕虫状，看起来跟渔民钓鱼的诱饵很像。这个"诱饵"会把猎物引诱到鮟鱇布满牙齿的血盆大口附近。

有些种类的鮟鱇只有雌性才拥有"诱饵"，而且雄性要比雌性的个头小得多。雄性会把自己依附在雌性身上，像寄生虫一样生活在雌性身上，依靠雌性血液中的养分维持生命。雄性唯一的作用就是产生精子来使卵子受精。

2 条雄性鮟鱇依附在雌性鮟鱇身上 ▷

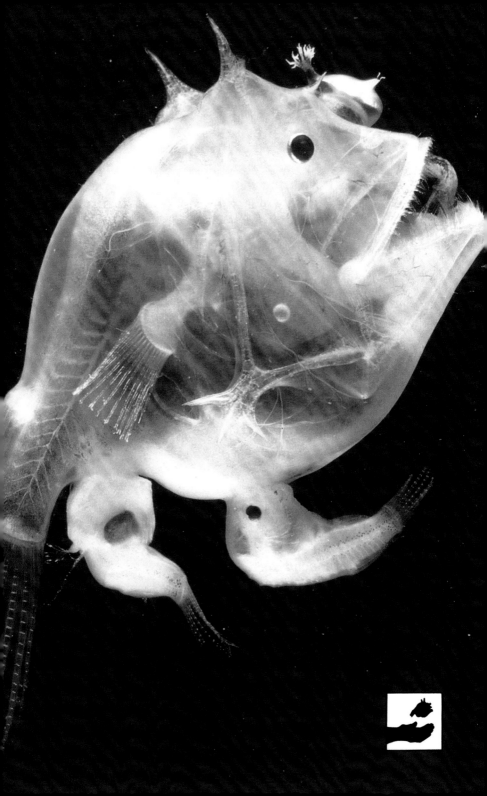

鳗　鱼

　　深海鳗鱼的体长可达 2 米。所有的鳗鱼天生都是捕食者，它们拥有细长的身体和尾巴。线口鳗拥有喇叭口状的细长下颌和锯齿状的牙齿，它们以深海虾为食。线口鳗在水中倒立着，等待它们的猎物。一旦虾的腿或者触须缠进它们的下颌，线口鳗就会用嘴不断地撕扯，直到猎物的整个身体都被吃掉。

　　合鳃鳗拥有巨大的嘴巴、锋利的牙齿和充满弹性的胃。它们的牙齿向内倾斜，可以防止被抓住的鱼从嘴巴里逃脱出去。另一种叫吞噬鳗的深海鳗鱼，下颌的长度可达体长的四分之一，以各种小型动物为食。吞噬鳗嘴巴两侧的皮肤非常松弛，就像一个小袋子，当它们张开嘴巴时，这块皮肤就会把食物舀进喉咙里。

　　年幼的鳗鱼长得跟成年鳗鱼完全不一样，它们完全是透明的，身体形状像树叶或者丝带。幼鱼需要好几年的时间才能长大成年。大多数深海鳗鱼的幼鱼都在靠近海面的地方生活和觅食。

吞噬鳗和猎物

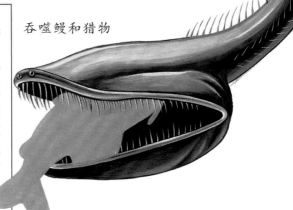

体长约为 30 厘米的线口鳗 ▷

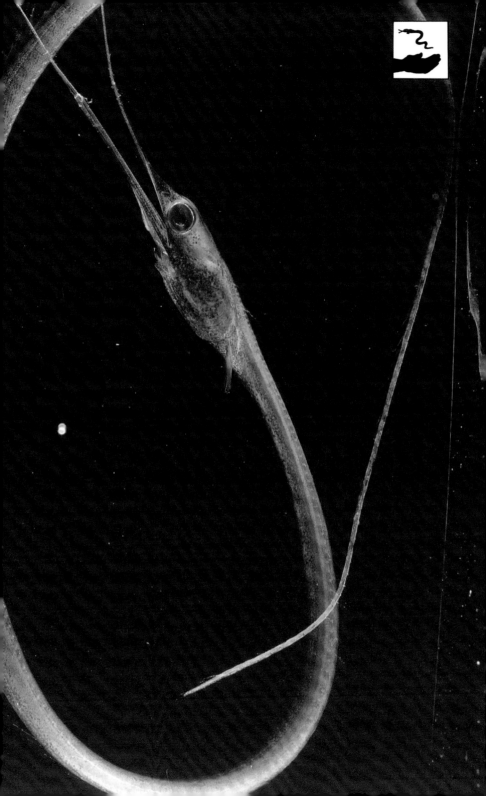

深海潜水者

　　雄性抹香鲸据说可以潜到海平面以下 3000 米甚至更深的地方。抹香鲸能用它们强壮的尾巴在黑暗又寒冷的海水里稳定地向下游动。有时，鲸会在海底移动，犁开泥土寻找食物。不过，它们通常会在水里静止不动，等着伏击鱿鱼。抹香鲸在浮出水面呼吸之前，可以在水下停留 90 分钟之久。

　　棱皮龟可以在没有新鲜空气的水下待更长的时间，最长可达 20 个小时。不过，它们并不会下潜到很深的地方。这种海龟以水母、海蜗牛和其他软体动物为食，体长可达2.8米。它们游动的速度非常快，最快可达 30 千米 / 小时。

巨头鲸在海面附近游动

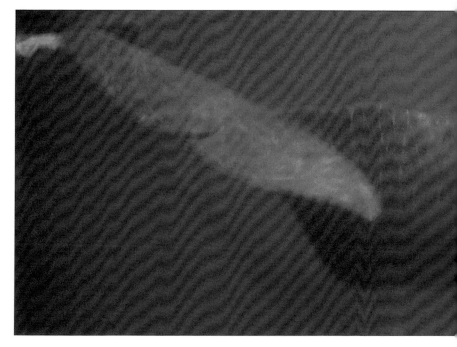

巨型鱿鱼

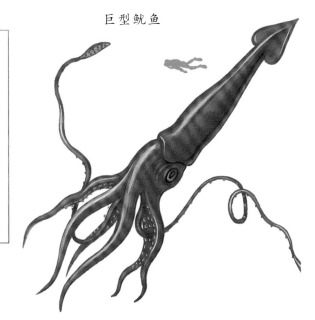

鹦鹉螺是鱿鱼和章鱼的近亲。它们有着坚硬的外壳，用覆盖着吸盘的触手来捕鱼。

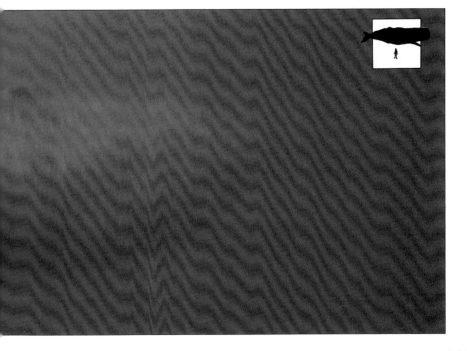

一些银鲛在受到威胁时，会向水中喷射出一种发光的化学物质，借着"光云"的掩护逃离危险。

头尾灯鱼

3种会自己发光的深海鱼

蝰鱼

光巨口鱼

光线制造者

上百种深海鱼类都有自己的"手电筒"——拥有可以在黑暗中发光的身体结构。它们利用这些身体结构在黑暗中捕捉食物或者寻找配偶。头尾灯鱼的身体下侧长有一排排可以发光的器官。这些器官折射出的光线将头尾灯鱼的身体轮廓伪装得很好，能让它们游向海面时更方便捕食。头尾灯鱼身上其他的光则是用来吸引配偶的。

有些种类的奇棘鱼拥有发光的"灯泡"，和鮟鱇一样，它们把这当成诱饵来使用。其他深海鱼的眼睛周围都长有发光的器官，会发出一种让鱼眼高度敏感的红光，在水里就像探照灯一样帮助它们寻找猎物。

头尾灯鱼身上排列着许多可以发光的"灯"，看起来就像船上的舷窗一样

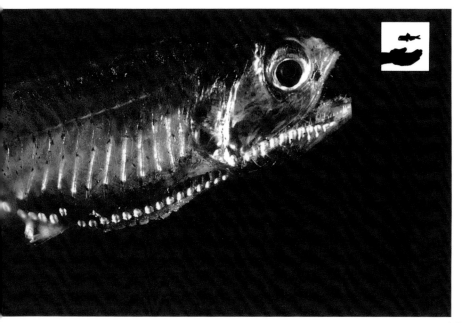

海床之上

很多深海生物都生活在海床的泥土里。岩虫会打洞来保护自己，不过它们会经常出来寻找食物。须虫生活在从泥土中伸出的长管里，只有头部露在外面，它们的头上长有多达250条长长的触须，这些触须既可以用来收集水里的食物颗粒，也能作为鳃来呼吸。

巨型管虫有很长的触须，它们也会像须虫一样使用触须。它们生活在深海的火山热泉和硫黄"烟囱"附近。在管虫的体内聚集着共生菌，可以把硫黄物质转化成能量。这些能量同时提供给共生菌和管虫。人类已知的动物中再也没有一个能像管虫这样可以制造能量的。

须虫

长有很多触须的蠕虫

深海狗母鱼生活在水下6000米深的地方，它们可以用坚硬的胸鳍和尾鳍在海床上休息，以一切漂过的甲壳类动物为食。

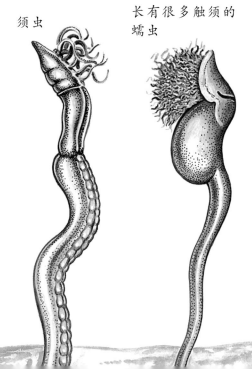

海星和海百合

　　所有种类的棘皮动物都在海床上生活和捕食，其中最为人们熟知的成员要数海星了，它们有着扁平的身体和 5 个或更多的伸展腕。每个腕的下方都布满了管足，就像章鱼的吸盘一样。海星以蛤蜊、牡蛎和贻贝为食，它们使用管足来撬开这些动物的壳，把肉送进位于身体中央的嘴巴里。

　　海参同样拥有管足，这些管足呈环状围绕在嘴巴周围，海参的嘴巴位于囊状身体的一端。有些种类的海参会用管足捕捉一些猎物，另一些海参则靠吞食海床上沙子和泥土中的营养物质为生。海百合会用其树枝般的触手拉住水里的食物。

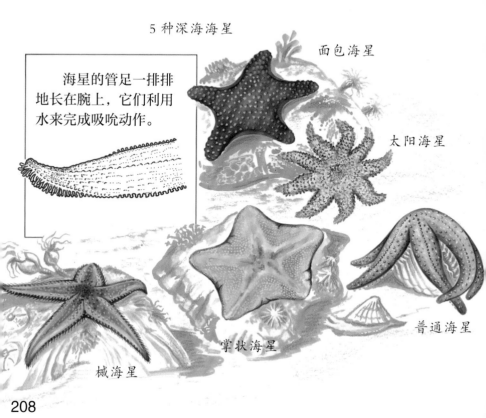

5 种深海海星

面包海星

太阳海星

普通海星

掌状海星

槭海星

海星的管足一排排地长在腕上，它们利用水来完成吸吮动作。

生存档案

　　地球上的海洋面积巨大。人类认为能从海洋中获取无穷无尽的食物，比如鱼类、甲壳类动物和鲸鱼，甚至可以因为一时便利而把海洋当成垃圾场。可我们一年又一年无止境的捕捞会导致海洋鱼群的数量骤减，过度捕捞也会扰乱海底植物和其他动物的生态平衡。排入海洋里的有害化学物质和污水污染了海洋生态环境，也危害了所有的海洋生物。即使是海底最深处的生物也都面临着威胁。

石油泄漏对生活在海水中的所有生物都造成了危害

在过去的大约 40 年时间中，一种被称为潜水艇的特殊潜水器和新的海底拍摄技术得到了迅速发展，使我们可以探索到海洋深处。潜水艇可以下潜到水下 5000 米，记录仪器可以安放到海床上，也可以被带回水面。这些新事物的出现大大增加了我们对深海生物的了解。

很多种类的鲨鱼都遭到了过度捕捞

太平洋岛屿上的核碎片

保护包括深海生物在内的所有的海洋生命是非常重要的。如今，世界上大多数国家都同意限制捕捞鱼类以及向海洋倾倒危险物质。但是，石油泄漏、工厂非法倾倒和核电站泄漏事件仍然在频繁发生。喷洒在土地上的农药最终都会流入海洋，如果我们不改变我们的行为，许多深海动物将会在我们能够更多地了解它们之前灭绝。

渔船有时会捕捉或打捞生活在深海的鱼类，很多深海鱼拥有能充气的气囊帮助它们漂浮。一旦它们被带到水面，身体里的气囊就会膨胀，从水里捞出来的那一刻，鱼身会发生爆炸，然后立刻死去。不过，即便只有这些鱼的遗骸，科学家们也发现其具有很高的研究价值。

腔棘鱼是深海的"活化石"

211

鉴别图

　　下图向你展示了一些生活在深海的生物。这些生物大多数很难被看见。为了了解它们，你需要去参观海洋公园或者大型水族馆。下面正方形方格的边长代表10厘米。

底栖章鱼

吞噬鳗

头盘虫

鹦鹉螺

银眼鲷

蛏鱼

制作你的深海世界

1. 参考上图中的深海鱼图片，在一张纸上描画一些深海鱼的轮廓。
2 和 3. 用黑色的笔给深海鱼身体轮廓

4. 用深色的笔在轮廓图周围涂上可以阻挡住光线的颜色。
5. 把画纸放置在纸板上，将纸板如图示支撑起来。对着纸板打上光源，深海鱼的发光器官就亮起来了。

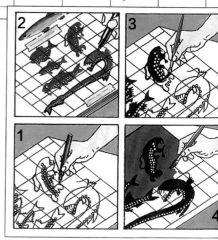

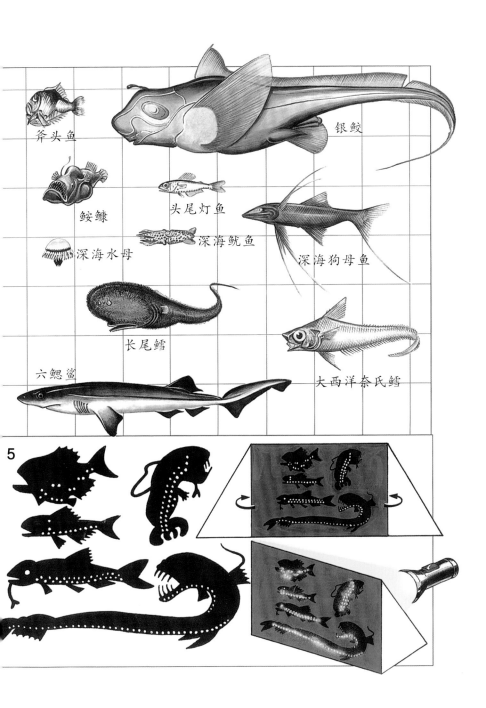

斧头鱼

银鲛

鮟鱇

头尾灯鱼

深海水母

深海鱿鱼

深海狗母鱼

长尾鳕

六鳃鲨

大西洋奈氏鳕

5

213